酒品·品酒

黄建军　著

图书在版编目(CIP)数据

酒品·品酒/黄建军著.—合肥:合肥工业大学出版社,2023.2
ISBN 978-7-5650-6140-0

Ⅰ.①酒… Ⅱ.①黄… Ⅲ.①白酒—酒文化—中国—通俗读物
Ⅳ.①TS971.22-49

中国国家版本馆 CIP 数据核字(2023)第 002074 号

酒品·品酒

黄建军 著　　　　责任编辑 郭娟娟

出 版	合肥工业大学出版社	版 次	2023 年 2 月第 1 版
地 址	合肥市屯溪路 193 号	印 次	2023 年 2 月第 1 次印刷
邮 编	230009	开 本	710 毫米×1010 毫米 1/16
电 话	人文社科出版中心:0551-62903200 营销与储运管理中心:0551-62903198	印 张	13.5
		字 数	212 千字
网 址	www.hfutpress.com.cn	印 刷	安徽联众印刷有限公司
E-mail	hfutpress@163.com	发 行	全国新华书店

ISBN 978-7-5650-6140-0　　　　定价:45.00 元

序

黄建军，一个用德性定义好酒的男人（或者，一个可以用德载酒的男人）

如果用一句话来定义黄建军，我想说，建军是一个老实人。

尽管曾经堂堂正正、干干净净的“老实人”这一语词，已被当下弄成面目全非、暧昧不清的局面，我仍愿冲刷掉当代社会泼洒在“老实人”词语上的污垢，以及使用“老实人”语境中的调侃与轻佻，溯流而上，一直追踪到“老实人”的原初概念：

厚道、忠诚、规矩的人，即为老实人。

也即是在这一语词的原初意义上说，建军，是一个老实人。

老实人不被当下会忽悠、玩得转的人待见，也无非源于他们厚道得有些笨拙，忠诚得有些说呆愚，规矩得近乎死倔。

其实，是老实人骨子里瞧不上市面上那些浮荡而油滑的人，他们虽然口吐莲花、逐浪弄潮，钱赚得盆满钵满——可那又如何呢？

建军说，有人从酿酒、勾调、销售中只能看见水，看见滚滚不断的水、源源不绝的钱，做酒人的底线与良知早丢到云霄里去了。

功利主义的汹涌浪潮下，留给建军们的仿佛是一道极简单，却又是极难抉择的人生课题：要么一路妥协投降，唯生存发财为人生指归；要么一路仓皇艰难恪守，唯求仰不愧于天、俯不怍于地为人生要义。

建军说，如是选择坚守数十年，所耗者多，所得者寡，午夜梦回，唯心安可慰。

建军从大学毕业进入古井集团，一路上跌跌撞撞，看似沉静素朴的面容下，潜藏着那个时代年轻人独有的孤标傲世与妥协融入的纠结……建军犹豫再三最后还是离开了。

生存的撕扯，前路的茫然彷徨，仿佛是冰与火轮番登陆建军的心灵空间，它们冲刺杀伐各呈手段，那时的建军苦闷而又无以言说。

建军终归还是选择了做酒——这条他最应该选择，却又最怕选择的路。

那个曾经称之为“减店”今又名之为古井镇的地方，建军生于斯长于斯，他的整个家族与酒渊源深厚。

建军说，在命运面前，芸芸众生所谓的那一点自主选择，也只是说来好听罢了。其实，你的选择早就在你的性格里刻写出来了。

后来，建军曾就他这一人生抉择进行过诗意表达：

酒香已潜儿时梦，白首皓然终难返。

如果说老实是一个人来自骨子里的德性，那么，建军就是一个用德性定义好酒的男人。

在建军的认知里德性与酒性是对等匹配关系，不仅如此，他坚持认为酒性表达的是做酒人的德性。

德不正者，其酒邪；德不清者，其酒浊；德不厚者，其酒薄。

半生品酒制酒，建军与酒苦乐两相知。

用平实而靠谱的文字，写一写与酒有关的知识趣文。建军说，这本小书于酒算是回报，于天下爱酒之人算是聊天，或可成为佐酒小菜，增加酒席间谈资。若能以此为机，让读者诸君得酒中三昧，实是不敢想象的奢望。酒人酒话，若不妥，且当酒后失语吧。

刘 亳

2022.7.20

前　言

前不久，我在郑州参加了一个全国性白酒勾调技术研讨会，会上有一半内容是关于白酒酿造的，有的学员不理解，说我们的勾调班怎么成了酿造班了？我说巧妇难为无米之炊嘛！事实上成就一杯好酒，酿造的作用非常重要，没有好的基酒是根本勾调不出好酒的。中国白酒香型众多，工艺各异，但酿造出好基酒的条件却大体相同。试归纳如下：

一是注重地域因素。不同的地域生产不同的酒，因为所在地的水质、气候、原料对酒质会产生决定性的影响。比如酱香型白酒，茅台镇因其独特的地理条件产酒最好，放到其他地方就很难达到茅台酒的质量。再比如浓香型白酒，川酒与徽酒即使采用同样的原料、执行同样的工艺也很难形成同样的风味，可谓是“橘生淮南则为橘，橘生淮北则为枳”。中国地域辽阔，很多地方是不适宜酿酒的，比如东北三省、新疆、西藏等地，这也正是中国名酒主要集中在四川、贵州、安徽、江苏等地的原因。

二是注重原粮优选、除杂以及场地卫生条件的控制。其主要目的：一是为了提高出酒率；二是为了避免基酒出现各种各样的杂味。

三是注重窖池的养护。目前在占全国市场份额较大的浓香型白酒生产中，窖池的作用不可低估。俗话说“千年窖，万年糟，好酒还靠窖池老”。目前一些名酒厂窖池已达几百年了仍在产酒，且酒质远远超过其他窖池。

四是精微细致的操作流程和工艺管理。白酒的酿造是需要匠心的，操作精细对出酒率和质量都有重大贡献。比如根据季节要求，必须严格把握香醅入池温度、水分、酸度，一旦操作失误可能全盘皆输。在老一辈的酿酒界曾流传着“酿一辈子酒，丢一辈子人”的说法，说明完全依靠经验具有一定的局限性，所以酿造既要注重经验，也要依靠科学，只有二者统一起来，才能顺利完成整个酿酒过程，生产出符合质量要求的好基酒。

基酒生产出来之后，经过贮存，然后按成品酒要求勾调（这里的勾调暂定义为勾兑＋调味两个环节）出厂，这可能是大家对勾调酒的普遍认识。

事实上白酒的勾调并非大家想象得那样简单。一般情况下，在白酿造生产过程中已经嵌入了勾兑环节。现在很多企业特别是大中型白酒企业对基酒都要进行分级处理。比如特级、优级、普级等，那么蒸馏出来的酒哪些归为特级，哪些归为优级，哪些归为普级，就必须进行“盘勾”处理，然后统一上缴入库。

有些企业根据产品要求还要进行二次勾兑进行储存。比较典型的是酱香型酒，由于它严格执行“12987”工艺，七个轮次的酒其质量差别很大，所以要“盘勾”后再进行贮存。通过这样贮存的基酒，要达到两个目标：基酒的理化指标相对稳定，口感标准相对稳定。这也是企业单品连续多年质量持续稳定的重要保证。

有了质量稳定的基酒，成品酒的勾调相对就容易得多，基酒组合、加浆（降度处理）、调味，勾调目标很容易达成。可以想见，酿造与勾兑前置环节对勾调是多么重要。

酿造与勾调是白酒产品质量的两个轮子，少了一个就行不远。现在经常听酒友讲某某酒越来越难喝了。其根本原因是某个轮子出现了问题，甚至两个轮子都有问题。酒质不好，大家不愿喝了；大家不喝了，市场就丢了。没有了市场，企业距离倒闭也不远了。

我自 1993 年大学毕业进入某国有酒企以来，二十多年历经许许多多的白酒厂沉沉浮浮，很重要的原因是产品质量不稳定造成的。有时喝着某某酒还可以，但一两年之后，味道就变了。有人开玩笑说在某某城，一两年就可以喝倒一个牌子。撇开竞争因素，牌子可不是喝倒的，那是因为有了更好的替代品大家不喝才倒的。

长期以来，我一直坚持这样一种观点，消费者的口感是可以培养的，比如酒，一个人喝习惯了就很不容易改变。如果有一天他不想喝了那绝对是质量问题。我这里提出的“质量”是一个更宽泛的概念，不仅包括口感质量，也包括饮后的各种体验因素。如果有一种酒，你喝过后头疼三天，我想以后你再也不会碰这种酒。

一般来说，白酒的口感质量与酿造有关，比如酒中出现的各种杂味，绝对是生产出来的。而喝酒舒适与否，上不上头，口干不口干，头疼不头疼，这些后体验与勾调有关。

如果把白酒比作美食，那么酿造师是食材的提供者，酒体设计师（勾调师）则是食材的烹饪加工者，唯一不同的是，除了色、香、味之外，酒体设计师还要关注白酒的“魂”，这个魂就是让人享受而不伤及身体的后体验。好酒不仅让饮者舒适、愉悦，而且可以让饮者享受自我、慰藉心灵，而不是饮后痛苦不堪。从这个角度讲，酒体设计师需要比厨师付出更多的劳动，关注更多，责任更大。

随着人们生活水平的提高，品味美食、品尝美酒，“美美与共”已成常态。在追求高质量的生活中，如何鉴别、品评、收藏美酒以及安全健康饮酒已成为人们时时关注的话题，正因为如此，我利用业余时间结集了相关话题内容，付梓出版，希望对各位酒友有所帮助。因个人水平有限，难免有疏漏或错误之处，请各位读者批评指正。

作　者

2022 年 6 月 29 日

目　　录

识　酒　篇

酒的溯源 / 003
武松吃的什么酒？/ 005
这次是导演搞错了 / 007
一泡尿成就的“十八里红” / 008
中国最主要的蒸馏酒——白酒 / 010
发酵酒 / 012
配制酒 / 014
此“白酒”非白酒 / 016
酿酒中的粮食 / 018
单粮酒和多粮酒 / 019
纯粮酒都是好酒吗？/ 021
中国白酒的香型 / 023
好酒“净”字为首 / 028
发黄的酒不一定是好酒 / 030
没有这个 2%，还是酒吗？/ 032
基酒与调味酒 / 034
你了解看花、摘花、断花这些概念吗？/ 036

一杯好酒成于守规矩、下功夫 / 038
莫要谈勾调而色变 / 040
美酒的基因 / 042
好酒定义 / 044
中国的评酒会及获奖产品名单 / 046
老五甑 / 048
“压池子” / 049
酒头 / 050
原酒、原浆之辨 / 051
贮酒的容器 / 053
酒是陈的香，不是越陈越香 / 055
土埋酒 / 057
白酒的度数与度量 / 058
白酒度数越高越好吗？/ 060
假酒与高仿酒 / 062
白酒的标签 / 063
价格 / 066
酒的价值 / 068
如何看待作坊酒？/ 069
低度酒里面没有好酒？/ 071
民间烧酒队 / 073
说说“糖酒会” / 075

品 酒 篇 品酒四步法则 / 079
品酒师 / 081
阅酒无数 / 083
变味的酒 / 084
江湖鉴酒，八仙过海 / 086

白酒的香气 / 089
白酒的味道 / 091
品酒的“五字”甄别法 / 093
专家口感与大众口感 / 094
特殊生理状态与白酒口感 / 095
茅台+五粮液，为什么味道变差了？/ 096
鉴酒秘诀 / 097
另类评酒：从回嗝看酒质 / 099

饮　酒　篇　走，找酒去 / 103
我们应该如何选择一瓶好酒？/ 105
喝好酒有方法 / 107
定制酒 / 109
OEM 白酒 / 111
人的基因决定酒量 / 112
多喝几杯有诀窍 / 114
哪些人不能饮酒？/ 115
入乡不随俗 / 117
下酒菜 / 119
醉得慢 / 121
酒场礼仪 / 123
酒德 / 125
混搭饮酒 / 127
要喝酒，晚上约 / 128
健康饮酒“六”字诀 / 129
解酒“妙方”对与错 / 131
酒驾 / 133
老人与酒 / 134

酒是粮食精，越喝越年轻？/ 136
酒具 / 138
如何选择过节酒？/ 140
白酒饮用的温度 / 142
酒的保健作用 / 144
美食与美酒 / 146
白酒收藏 / 148
天价酒 / 150
酒之魅，女人之美 / 152
爱酒之人 / 154
我的喝酒 / 155

论 酒 篇 厚德载酒 / 159
迭代中的酒 / 162
好酒的三个维度 / 164
勾兑师的尴尬 / 166
企业的责任 / 168
论白酒饮用安全的四个维度 / 170
中小白酒企业引入专职品酒员刍议 / 174
中小白酒企业树立质量标杆的意义 / 178
中国当代白酒消费价值取向初探 / 181
中国白酒发酵设备的种类及研究意义 / 186
窖池——中国白酒文化之根 / 189
酱酒热来了，酒商如何应对？/ 191
酱香型酒为什么这么贵？/ 194
八字方针，酿造好基酒 / 196
中国主要白酒产区概览 / 199

后 记 / 204

识　酒　篇

酒的溯源

中国的酒文化源远流长。在我国最早的一部诗歌总集《诗经》中曾有“十月获稻，为此春酒”的诗句。《诗经》收录的诗歌在公元前 11 世纪至公元前 6 世纪，表明我国两三千年前就开始酿酒。在我国，有关酒的记载与著述浩如烟海，现在有足够的证据表明，我国很久很久以前就有了酒。对于酒的起源，目前存在以下几种说法：

一是猿猴造酒。大家可以想象，猴子把采摘的野果置于洼地，堆积久了，野果腐烂，腐烂的野果在自然生物菌群特别是酵母菌的作用下，开始发酵，慢慢流溢成酒。现在看来，猿猴造酒是一种自然现象。

二是上天造酒。古人认为，天上有“酒旗星”管人间饮食。“鬼才”李贺“龙头泻酒邀酒星”、诗仙李白“天若不爱酒，酒星不在天”、建安七子之一的孔融“天垂酒星之耀，地列酒泉之郡”的语句，都说明了上天造酒的传说对人们具有深远的影响力。在科学不发达的古代，人们认为酒的产生与上天神秘的力量有关。

三曰仪狄造酒。据《太平御览》记载，仪狄“始作酒醪，变五味”。醪，是一种浊酒，类似于现在用大米做的醪糟，“变五味”，是指产生多种味道。

仪狄为夏朝人，相传夏禹的女人让仪狄造酒，仪狄经过一番努力后酿造出了人间好酒，献于夏禹，夏禹说，后人喝了这种美酒，必定有亡国者。据说，夏禹因此疏远了仪狄。

四曰杜康造酒。杜康被现代人视作酿酒的始祖。《说文解字》讲“杜康始作秫酒”，秫即为高粱。现在酿酒多用高粱，把杜康作为酿酒始祖就很容易被人所接受。《酒诰》一书曾记载：杜康将剩饭放置在桑树洞里，秫米在洞中发酵后，就有芳香的气味传出，这就是杜康发明酒的过程。

五曰黄帝造酒。黄帝是中华民族的始祖，汉代的《黄帝内经·素问》中记载了黄帝与岐伯讨论酿酒的情景，这本书中还提到一种据说是用动物的乳汁酿成的名为“醴酪”的甜酒。如果真是这样的话，那么酒的酿造就要比杜康、仪狄时代早得多。据说，《神农本草》已著有酒之性味，也就是说酒在神农时代就已经发明了。

关于酿酒的传说，妙趣横生，各说各异。这些传说大致可以说明酿酒早在夏朝或者夏朝以前就存在了。1987 年，考古学家在山东省东营市发现了 5000 多年前的酿酒器具，这一发现起码表明了，在 5000 多年前我国就已经开始酿酒了，而酿酒的起源还要在此之前。

至于蒸馏酒，其产生的年代目前也有不同的说法。有的说起源于汉代，有的说起源于唐朝，主要以出土的文物或诗人的诗句描述为判断依据。

目前更为确切的说法是蒸馏酒起源于宋元时代，不仅有出土的蒸馏器，而且有相关的文字可以佐证。

比如李时珍在《本草纲目》中所述“烧酒非古法也，自元时始创其法，用浓酒和糟入甑，蒸令气上，用器承取滴露。凡酸坏之酒，皆可蒸烧。近时惟以糯米或粳米，或黍或秫或大麦，蒸熟，和曲酿瓮中七日，以甑蒸取，其清如水，味极浓烈，盖酒露也”。说明从元朝开始我们已经掌握了蒸馏酒技术。但据我了解，目前也没有足够的证据可以证明宋元时代开始大量生产蒸馏酒，有兴趣的朋友可以在这方面做一番研究。

武松吃的什么酒？

为什么在古代叫“吃酒”，而不叫喝酒？在回答这个问题之前，先看《水浒传》中武松打虎的一段描写：

……武松在路上行了几日，来到阳谷限地面。此去离县治还远。当日晌午时分，走得肚中饥渴望见前面有一个酒店，挑着一面招旗在门前，上头写着五个字道：“三碗不过冈”。

武松入到里面坐下，把哨棒倚了，叫道：“主人家，快把酒来吃。”只见店主人把三只碗，一双箸，一碟热菜，放在武松面前，满满筛一碗酒来。

武松说“快把酒来吃”、店家“满满筛一碗酒来”，这些描写并非宋代俚语，而是与当时酿酒的技术有关。在我国的酿酒史中，有很长一段时期，酒中是有固体的，按现在的国家标准，固形物超标，肯定不能售卖。但囿于当时的条件，只能产那种酒，长期以来，说“吃酒”就成为一种习惯。好在当时为了使酒有更好的口感，在喝酒之前，会滤去固体部分，所以要“筛酒”。在唐宋诗词中“绿蚁新醅酒”“莫笑农家腊酒浑”“浊酒一杯家万里”等等描述，都能说明当时的酒并不是清澈透明的。

那么透明的酒产生于何时呢？那就要看我国什么时候开始产生蒸馏酒。据有关资料显示：在夏朝之前，人们一直把酒作为神圣而有魔力的饮料，一般用于祭祀等重大活动。自夏朝至秦王朝，中国的酒业取得了较大的发展，但酒也只能为官府所用，成为王公贵族的享乐品。自秦朝至宋代，中国酒业进一步发展。有人描述宋代的酿酒业，上至宫廷，下至村寨，星罗棋布，但那时的酒还都不是蒸馏酒。宋代以后，一系列文献的记载才开始证实蒸馏酒出现。须知，只有蒸馏酒才能在一程度上提高酒度。

由此可见，武松在景阳冈连喝了十八碗酒，应该是低度酒。现在山东很多地方流行喝三十几度的低度酒，是否继承了水浒的传统，不得而知。

这次是导演搞错了

最近看电视剧《大秦帝国之纵横》，剧中有这样的情节：楚阀秦。魏冉、白起受命去抓楚军舌头。迷途中遭遇楚军行营。魏冉献妙计用美酒烧了楚国公子子兰押运的粮草辎重。

看到这里，我感觉有些不对劲儿了。战国时期，人们喝的是什么酒？据了解，中国的高度酒，即蒸馏酒起于宋、元时代，而在此之前无高度酒之说。可以想见，战国时代的酒也是发酵酒，其度数很难高于20度。那么低度的酒怎么可用来焚烧军营呢？

大家都知道，现在的白酒借助明火可以燃烧。但现在白酒一般都在40度以上，而20度以下的酒即使借助明火也没有燃烧的可能。我为此做了实验，把燃烧的竹浆纸置于盛放20度酒精的盘子里，火苗很快熄灭。看来，不论编剧还是导演，多了解一些中国的酒文化还是非常有必要的，毕竟那么多的情节都与酒有关。

看来这一次，真是导演搞错了！

一泡尿成就的“十八里红”

提起《红高粱》，我们就不得不提到酒。“九月九酿新酒，好酒出在咱的手……”他们酿的酒真的好吗？不好。辛苦了大半辈子的罗汉大哥实际上并没有酿出好酒。直到余占鳌从秃三炮那里回来，往刚酿好的高粱酒里撒了一泡尿，才改变了高粱酒的味道。罗汉大哥才欣喜地告诉九儿：这酒成了。从此由九儿命名的十八里红才远近闻名。

这故事听起来很神秘，让人匪夷所思。从文学的角度来讲，这是莫言小说的魅力所在。从酿酒的角度来讲，这故事也并非空穴来风，也许有它真实的一面。

在中国的传统酿酒界，那时候没有科学的分析仪器，生产工艺全是师傅一个人说了算。酿出酒酿不出酒或者酿出酒的好坏只能听天由命。为什么要拜酒神？说明酿酒师傅对酒的酿造过程和结果无法掌控，只能依靠酒神的恩赐。

现在很多白酒企业仍沿袭传统的酿造工艺，但酿造设备和酿造技术人员的水平已大大提高了。但即使在这样的背景下，酿出的酒真的都好吗？答案仍是否定的。在中国白酒界流传着“酿一辈子酒，丢一辈子人”的谚语，让人听了很不是滋味。

酿酒工艺看似简单，其实许多环节很难把握。比如温度、酸度、水分、曲粮配比、窖池培养等，这方面需要我们严格执行工艺，也需要我们灵活处理好它们的辩证关系。即便如此，酿出的酒质量也是参差不齐。怎么办？那就必须进行贮存、勾兑才能保持出厂酒质的稳定性。

俗话说“生香靠发酵，成形靠勾兑”，所以酒还是要勾调的。《红高粱》的罗汉大哥只知酿酒，不懂勾兑，所以酿不出好酒。余占鳌的一泡尿，无心插柳柳成荫，终究成就了十八里红。这个故事虽说带有文学虚构的成分，现在来看却是白酒生产必须经历的过程。

今天的白酒勾兑，包括基酒的组合、调味、修饰等环节，是白酒生产必须要经历的过程。在这里再次提醒大家，勾兑酒不一定是差酒，原酒不一定是好酒，最终需要经过品尝进行鉴定。

中国最主要的蒸馏酒——白酒

蒸馏酒就是以粮谷、薯类、水果、乳类等为主要原料，经发酵或部分发酵酿制而成的饮料酒。白酒是典型的蒸馏酒，与国外的白兰地、威士忌、朗姆酒、伏特加、金酒并称为世界六大蒸馏酒。

白酒以粮谷为主要原料，以曲、酶制剂或酵母为糖化发酵剂，经蒸煮、糖化、发酵、蒸馏、陈酿、勾调而成。现在市场上的各大名酒诸如茅台、五粮液、汾酒、古井贡酒等都是这样生产出来的。发酵离不开曲和原料。曲有大曲、小曲、麸曲之分，也有高温曲、中温曲、低温曲之别，因做曲的原料和酿酒工艺而不同。

酿酒原料有高粱、大米、糯米、小麦、玉米等，业内有“高粱产酒香、大米产酒净、糯米产酒绵、小麦产酒燥、玉米产酒甜”的说法。现在国内市值最大的酒企——茅台以当地糯高粱为原料，而市场份额占比50%以上的浓香型白酒在酿造时除了高粱之外，还按比例加入小麦、大麦、豌豆、大米、玉米、糯米等。酿酒的辅助原料，简称辅料，主要以稻壳为主。

酿酒原料（大多进行破碎处理）经蒸煮糊化后，需进行降温处理，然后按工艺要求加一定比例的曲粉，翻拌均匀后再整理进入发酵容器发酵。中国白酒不同的香型，发酵的容器也不一样，比如酱香型的酒用的是条石窖，大曲清香型的酒用的是地缸，芝麻香型的酒用的是砖窖，而全国最普遍、产量最大的浓香型酒用的却是泥窖。泥窖并非随便挖一个坑，而是由专业人员使用预制的材料精心建造出来的。

酿酒原料经发酵一段时间后就变成香醅，香醅出池后被放入蒸馏设备进行蒸馏产酒。蒸馏设备一般由锅甑、冷却器和连通器组成。由于香醅中的酒精及其大部分的香味物质沸点较水低，在加热时酒液就会经冷凝设备流出，这样流出的液体就是酒了。看似简单的过程却有非常大的学问，举几个例子：

不同的发酵时长，所产的酒有很大不同。一般来说发酵时间短，出酒率高，香味少，酒味淡；发酵时间长，产酯高，香味浓，但出酒少。

入池时香醅的温度和水分控制十分关键，不仅决定出酒的数量，也决定出酒的质量。

同一窖池中的酒，上层香醅、中层香醅、底层香醅所蒸馏出的酒质量差别很大，一般来说上层味较杂，中层味净，下层味香而浓。

同一锅甑前段、中段、后段流出的酒也有区别。

酿酒是一门技艺与科学，作为一个酿酒人，穷其一生也钻研不完。

发 酵 酒

在普通老百姓的观念中，酒一般分为白酒、黄酒、红酒、啤酒等，白酒又分为纯粮酒和勾兑酒。面对各种各样的消费者，你费尽周折解释，他们很多人还是糊里糊涂，听不明白。

我这里把除蒸馏酒之外的黄酒、红酒、啤酒统称为发酵酒，以区别刚刚讲的蒸馏酒。蒸馏酒的度数高，有的甚至达到 75 度以上。而发酵酒的度数却低得多，一般不超过 20 度。

黄酒是以稻米、黍米、小米、玉米、小麦、水等为主要原料，经加曲或酵母等糖化发酵剂酿制而成的发酵酒。说黄酒是中国的国酒一点也不为过，从杜康造秫酒开始，不管宫廷，还是民间，其生产的酒大部分是黄酒。古代用黍米（现在的小米）酿造的酒，现在我们当地仍有生产，称为明流酒。现在的黄酒多产于南方，以大米为原料，度数十几度。有时到超市逛逛，见大部分黄酒中都加入了焦糖色，我不太喜欢。现在老百姓多把黄酒作为调味料使用，降低了黄酒的身价。我喜欢冬季喝点黄酒，最好加入点枸杞和生姜片煮沸，喝个三杯两杯，很是惬意。在古代，黄酒是大量用于中药药饮使用的，与人们的生活十分密切。

红酒一般指葡萄酒。葡萄酒的酿造并不复杂，果实清洗、去梗、榨汁、发酵，4～10 天就成为十几度的发酵酒。葡萄酒的神秘之处，一个是原产地，一个是橡木桶贮存。现在很多朋友一提到红酒就是拉菲、奔富、莎菲堡等外国牌子，把中国的长城、王朝、张裕等都给忘了，崇洋媚外。其实，中国也是红酒的发源地之一。“葡萄美酒夜光杯，欲饮琵琶马上催”，至少唐朝就能酿出比较好的葡萄酒了。有人说喝红酒高雅，其实也看人。碰到海量老酒客的“三中全会”，很快让你“现场直播”、雅趣全无。

我很欣赏茅台酒随酒赠送的小酒杯，一口一杯，伴随着“咂”的饮啜声，一杯知味，回味无穷。这就是酒文化。中国白酒要像外国红酒一样走向世界，这种宣传必不可少。

啤酒是以麦芽、水为主要原料，加啤酒花，经过酵母发酵酿制成的、含有二氧化碳并可形成泡沫的发酵酒，酒精度一般为 4 度左右。啤酒作为发酵酒最早起源于古巴比伦，比较成熟的酿造技术在我国清朝末期传入中国。啤酒与白酒一样，与人们的日常生活密不可分。由于本书的宗旨是写白酒，在这里不再赘述。

配 制 酒

配制酒是以发酵酒、蒸馏酒、食用酒精等为酒基，加入可食用的原辅料和（或）食品添加剂，进行调配和（或）再加工制成的饮料酒。

提到配制酒，很容易联想到药酒、保健酒等概念。一般意义上讲，这些酒都可以叫作配制酒。现在很多消费者对药酒、保健酒这些概念是相互混淆的。酒里面加点中药材就叫作药酒或保健酒，其实这是不严谨的。

一般来说，只有带药准字号且具有治疗作用的酒才能称为药酒，比较典型的代表是鸿毛药酒。

保健酒也需要国家有关部门审批，且具有一定的保健作用的酒才能叫作保健酒，这种酒须戴上那个“小蓝帽”，比如劲酒、椰岛鹿龟酒等，大家可以在网上查看一下这类产品的标志。

上述两种酒是特殊的配制酒，对于一般的配制酒而言就没那么严格了，只要是蒸馏酒或者发酵酒，里面加上可以食用的药材、水果、食品添加剂等而配制的酒都可以叫作配制酒。按照 GB/T17204－2021《饮料酒术语和分类》中的规定，配制酒分为果蔬汁型啤酒、果蔬味型啤酒、利口葡萄酒、加香葡萄酒、风味威士忌、风味白兰地、风味伏特加、风味朗姆酒、配制型金酒、配制型杜松子酒、调香白酒，以及其他配制酒等。在这些分类中，与大家日常生活比较密切的是调香白酒和其他配制酒。调香白酒在后文中会有详细介绍，而在白酒中加入一定的中药材而泡制的酒，只能归其他配制酒一类。

这里需要注意的是，如果你想往酒里面泡点药材配制酒，那么中药材必须是药食同源，就是既可以当药用又可以食用的那种，比如枸杞、苦瓜、山楂、红枣等。如果你非要使用非药食同源的中药材，就要注意它的危害了，是药三分毒，自己要承担相应的后果与责任。如果是治病还是建议在医生的指导下炮制，并注意饮用的频次与剂量。

作为企业，如果利用药食同源以外的中药材配制生产所谓的保健酒或药酒，必须经过主管部门审批，没有审批擅自生产就是违法行为。

此“白酒”非白酒

2021 年，国家市场监督管理总局和国家标准化管理委员会联合发布了《白酒工业术语》和《饮料酒术语和分类》两项国家标准，被业界称为白酒“新国标”，于 2022 年 6 月 1 日正式实施。

“新国标”重新定义了白酒，并明确规定了白酒只有以下三种：

一是固态法白酒，以粮谷为原料，以大曲、小曲、麸曲等为糖化发酵剂，采用固态法或半固态法发酵工艺所得到的基酒，经陈酿勾调而成的不直接或间接添加食用酒精及非自身发酵产生的呈香呈味物质，具有本品风格特征的白酒。

二是液态法白酒，以粮谷为原料，采用液态法发酵工艺所得到的基酒，可添加谷物食用酿造酒精，不直接或间接添加非自身发酵产生的呈香呈味物质，精制加工而成的白酒。

三是固液法白酒，以液态法白酒或以谷物食用酿造酒精为基酒，利用固态发酵酒醅或特制香醅串蒸或浸蒸，或直接与固态法白酒按一定比例调制而成，不直接或间接添加非自身发酵产生的呈香呈味物质，具有本品风格的白酒。

从以上的表述可以看出，固态法白酒不得添加食用酒精和食品添加剂，液态法白酒和固液法白酒可以添加食用酒精，但不得使用食品添加剂。

那么问题来了，那些使用香精香料的白酒都下架吗？答案：不。“新国标”

实施后，使用了食品添加剂的白酒，被称为调香白酒，调香白酒不叫白酒，从蒸馏酒中剔除，被纳入配制酒的范畴。

从消费者的称谓来看，把几元、十几元甚至几十元一瓶的使用食用添加剂的白酒改称为调香白酒或配制酒可能很长时间不太习惯。但不管怎么叫，加不加添加剂可能成为消费者判断所谓“白酒”质量好坏的一把尺子。

有人问：不使用香精香料，白酒还好喝吗？他的观点是调酒如做美食，离开了味精等调味料，很难适口。其实白酒不加香精香料更能呈现酒的自然风格，目前凡是规模较大的企业都非常注重调味酒的生产，有的企业光调味酒就达数十种，对于这些企业来说，白酒风味不足或理化指标不达标完全可以通过添加调味酒来弥补。相反规模较小的企业就存在调味酒不足等问题。这也是“新国标”实施后中小白酒企业面临着的最严峻的挑战。

酿酒中的粮食

白酒的酿造原料有高粱、小麦、大米、糯米、玉米、豌豆等。中国劳动人民经过多年探索最终形成了“高粱酿酒香、大米酿酒净、糯米酿酒绵、玉米酿酒甜、小麦酿酒燥”的特点，然而为什么把高粱固定下来作为酿造白酒的主要原料呢?

究其原因主要有以下几点：一是对香味的重视。白酒还是要“香”的，高粱中一定的单宁含量使白酒产生芳香物质，增加了酒的香度。二是高粱中淀粉与脂肪含量比较平衡，较之于玉米等杂味较少。三是高粱不是中国人的主食粮食，用高粱酿酒可以节约大量的食用粮。

现在的问题是，为什么很多白酒在酿造过程中还是加入大米、玉米、糯米等粮食?这主要是由市场对白酒的口感要求决定的，比如现在的消费者都喜欢绵柔、纯净的酒，所以根据经验加入这些粮食也是情理之中的事。值得注意的是，白酒酿造还是要消耗大量的粮食，像小麦，主要用来做曲，而酿酒时曲的配比是很大的，一般占30%左右。

现在中国经济发展了，国家允许酿酒企业改善工艺，使用大家的口粮酿酒，对酒类爱好者也是一件幸事。生活中会有各种美酒相伴，岂不乐哉?

单粮酒和多粮酒

一天下午，有客户带来一瓶酒，问我是单粮酒还是多粮酒？我看了一下酒标中的原料栏：水、高粱、小麦、大麦、豌豆。我说：是单粮酒。对方说：这不明明是四种粮食吗？我说：是，但根据原料配比它应该叫作单粮酒。

在浓香型白酒中有单粮酒和多粮酒的说法。单粮酒主要以高粱为酿造原料，以小麦、大麦、豌豆做曲。而酿酒是离不开曲的，曲的比例基本上是酿酒原粮的30％左右。所以酒标中标注了这四种粮食。

与单粮酒对应的多粮酒，除了高粱之外，还按不同比例，加入了大米、糯米、小麦、玉米四种粮食。多粮酒现在主要以小麦做曲。我们看大部分四川白酒的酒标：水、高粱、大米、糯米、小麦、玉米，是典型的五种粮食。

通过酒标我们就可以看出我们饮用的酒是单粮酒还是多粮酒。

关于单粮酒与多粮酒的叫法一般还局限于浓香型白酒，酱香型白酒、清香型白酒、米香型白酒等是典型的单粮工艺，但大家在业内区分它们几乎没有实质的意义。

目前，在古井镇这个产区，纯粹生产单粮酒的企业已经不多了，在酿造时也加入了大米、糯米等原料，但风味与四川酒还是有所不同，这主要由地域差异决定的。

在浓香型白酒中，单粮酒和多粮酒的口感差异十分明显。前者窖香浓郁，后来粮香突出，比较纯净。综合来看，二者没有质量好坏之分，只是风格不同。高端白酒中，比较典型的单粮酒有国窖1573、水井坊等，多粮酒有五粮液、洋河蓝色经典梦系列、古井贡酒年份原浆系列、剑南春等，这些酒无论闻香，还是口尝，差别都比较明显，需要大家细细鉴别。

纯粮酒都是好酒吗？

这里又提出一个概念——纯粮酒。涉及白酒的概念，杂而乱，难怪消费者云里雾里、分不清楚。消费者心目中的这个概念是针对酒精勾兑酒而言的，总以为纯粮酒是好酒，酒精勾兑酒不好。面对消费者的这种认识，有些企业对自己生产的酒精酒也可以理直气壮地解释说是纯粮酒。因为现在用于白酒勾兑的食用酒精也是用玉米、小麦等粮食酿造出来的。说自己的酒是纯粮酒有什么错？细究起来还真没有错，粮食酒是粮食酒，但质量差别还是非常明显的。

我这里讲的纯粮酒是固态法白酒，隶属于蒸馏酒的范畴。现在国家对纯粮固态发酵酒是要进行认证的，认证的条件也比较严格，申请企业须符合《全国白酒行业纯粮固态发酵白酒行业规范》和《纯粮固态发酵白酒标志使用管理要求》的标准，目前除了少数大企业经过认证以外，很多的中小企业都没有认证，国家也没有强制要求。我这里强调的是，针对一款产品如果没有带纯粮固态标志，也不能说它不是纯粮酒。影响纯粮固态发酵酒产品质量的因素非常多，比如业内常讲的“水、粮、曲、窖”几个因素，每个环节出现问题，都会影响酒的质量。经验证明，除此之外，影响白酒酿造的因素还有很多，所以同样是纯粮固态酒，质量千差万别。

对于市场上的纯粮固态发酵酒的成品酒，严格来说是通过酒调酒的方式勾调出来的，不加任何食用香精（添加剂）。浓香型白酒目前执行的标准是 GB/T10781.1，清香型白酒的执行标准为 GB/T10781.2，除茅台之外的酱香型白酒的执行标准为 GB/T26760，其他香型的对应标准在网上都可以查到。我们日常消费时看到这些标准基本上可以认定其产品为纯粮固态酒。

除了纯粮固态法白酒，还有两种酒分别叫固液结合法白酒和液态法白酒。前文已有表述，前者执行标准为 GB/T20822，后者执行标准为 GB/T20821。就产品质量而言，一般情况下固态法白酒最好，固液法白酒次之；从口感上评价，也有固液法白酒好于纯固态法白酒的现象，这主要还是由基酒的质量决定的。在日常消费中，各位酒友可以仔细甄别。

中国白酒的香型

早在1965年之前，中国白酒是没有香型之说的，所以1952年和1963年两次全国评酒会评出的获奖名酒都没有标明香型。1979年第三届全国评酒会才开始标明香型，之后在传统的浓、清、酱、米四大香型基础上逐渐派生和演化出药香、凤香、芝麻香、馥郁香、兼香、老白干、豉香、特香等其他的香型。

香型的划分对推动中国白酒的技术分析、改进工艺，促进企业发展方面发挥着很大作用。但各香型的风味框架以及背后起支撑作用的工艺流程也在一定程度上束缚了企业的创新能力。

作为普通消费者，了解白酒香型，对鉴赏白酒、消费白酒无疑是非常必要的。各香型白酒各具特色，风味各异，产地差别明显。从当今市场份额看，浓香型占据全国50%以上，清香型占据25%左右，酱香型占据15%左右，其他的米香型、兼香型等占据10%左右。不同的香型拥有不同的酿造工艺和风味特征，现分述如下。

一、浓香型

（1）市场产品：五粮液、剑南春、洋河蓝色经典、国窖1573、水井坊、古井贡酒年份原浆、舍得等。

（2）工艺特点：以高粱、大米、糯米、玉米、小麦为原料，糖化发酵剂为中温大曲或中偏高温大曲，泥窖固态发酵，发酵时长 45～90 天，续糟配料，混蒸混烧。

（3）感官特征：无色透明（些许微黄）、窖香浓郁、绵甜醇厚、香味协调、尾净爽口。

浓香型白酒地域分布较广，导致不同地区所产浓香型酒风格差异较大。比较典型的是有川派和江淮派之分：川派香气大，窖香浓郁，浓中带陈的特点非常突出；江淮派则具有绵、甜、净、爽的特点。即使是川派浓香，具体到产品上也存在不同的口感特征。比如五粮液具有独特的多粮香气，陈香优雅，口感馥郁干净；而剑南春则具有独特的窖香和粮香，酒体醇厚，落口爽净，消费者要注意体会其中的细微差别。

二、清香型

清香型白酒分为大曲清香、麸曲清香、小曲清香三种。

（一）大曲清香

（1）市场产品：山西汾酒、河南宝丰酒、武汉黄鹤楼酒。

（2）工艺特点：以高粱为原料，采用低温大曲为糖化发酵剂，固态地缸发酵，发酵时长 28 天，清蒸二次清工艺。

（3）感官特征：无色透明、清香纯正、醇甜柔和、自然协调、余味净爽。

（二）麸曲清香

（1）市场产品：二锅头。

（2）工艺特点：以高粱为原料，采用麸曲为糖化发酵剂，水泥池固态发酵，发酵时间 4～5 天，清蒸清烧工艺。

（3）感官特征：无色透明、清香纯正、口感醇和、绵甜净爽。

（三）小曲清香

（1）市场产品：江小白。

（2）工艺特点：以高粱为原料，采用小曲为糖化发酵剂，水泥池、小坛或小罐短期固态发酵，四川小曲酒发酵时间 7 天，云南小曲酒发酵时间 30 天，清蒸清烧工艺。

（3）感官特征：无色透明、清香纯正、具有粮食小曲特有的清香和糟香、醇和回甜。

三、酱香型

（1）市场产品：贵州茅台酒、四川郎酒、习酒、国台酒、金沙摘要酒等。

（2）工艺特点：以当地糯高粱为原料，采用高温大曲为糖化发酵剂，固态八轮次堆积入条石窖发酵，每轮次为1个月。

（3）感官特征：微黄透明、酱香突出、幽雅细腻、酒体醇厚、回味悠长、空杯留香持久。

四、米香型

（1）市场产品：桂林三花酒。

（2）工艺特点：以大米为原料，采用小曲为糖化发酵剂，不锈钢大罐或陶坛半固态发酵，发酵时间为7天。

（3）感官特征：无色透明、蜜香清雅、入口绵甜、落口爽净、回味怡畅。

五、凤香型

（1）市场产品：陕西西凤酒。

（2）工艺特点：以高粱为原料，采用中偏高温大曲，新泥窖固态发酵28～30天，混蒸混烧，续糟老五甑工艺。

（3）感官特征：无色透明、醇香秀雅、甘润挺爽、诸味协调、尾净悠长。

六、药香型

（1）市场产品：贵州董酒。

（2）工艺特点：以高粱为原料，大小曲并用，大小不同材质窖并用，固态发酵，小曲发酵7天，大曲香醅发酵8个月至1年。

（3）感官特征：清澈透明、浓香带药香、香气典雅、酸味适中、香味协调、尾净味长。

七、豉香型

（1）市场产品：广东玉冰烧酒。

（2）工艺特点：以大米为原料，小曲为糖化发酵剂，地缸或罐液态发酵，发酵时间20天，经陈化处理的肥猪肉浸泡。

（3）感官特征：玉洁冰清、豉香独特、醇厚甘润、余味爽净。

八、芝麻香型

（1）市场产品：山东景芝酒。

（2）工艺特点：以高粱为原料，高温曲、中温曲、强化菌曲混合使用，水泥池固态发酵，发酵时间30～45天，清蒸混入。

（3）感官特征：清澈透明、香气清冽、醇厚回甜、尾净余香，具有芝麻香风格。

九、特香型

（1）市场产品：江西四特酒。

（2）工艺特点：以大米为原料，特制大曲为糖化发酵剂，红褚条石窖固态发酵，发酵时长为45天，混蒸混烧老五甑工艺。

（3）感官特征：酒色清亮、酒香芬芳、酒味醇正、酒体柔和、诸味协调、香味悠长。

十、兼香型

（一）酱中带浓

（1）市场产品：湖北白云边酒。

（2）工艺特点：以高粱为原料，高温大曲为糖化发酵剂，水泥池固态发酵，9轮次发酵，每轮次为1个月。1—7轮次为酱香工艺，8—9轮次为浓香工艺。

（3）感观特征：清澈透明（微黄）、芳香、幽雅、舒适、细腻丰满、酱浓协调、余味爽净。

(二) 浓中带酱

(1) 市场产品：玉泉酒。

(2) 工艺特点：以高粱为原料，采用大曲为糖化发酵剂，水泥窖与泥窖并用，分型发酵，浓香型发酵60天，酱香型发酵30天。分型贮存，按比例勾调。

(3) 感官特征：清亮透明（微黄）、浓香带酱香、诸味协调、口味细腻、余味爽净。

十一、老白干型

(1) 市场产品：河北衡水老白干酒。

(2) 工艺特点：以高粱为原料，中温大曲为糖化发酵剂，地缸固态发酵，发酵时间15天左右，混蒸混烧老五甑工艺。

(3) 感官特征：无色或微黄透明、醇香清雅、酒体谐调、醇厚挺拔、回味悠长。

十二、馥郁香型

(1) 市场产品：湖南酒鬼酒。

(2) 工艺特点：以高粱、大米、糯米、玉米、小麦为原料，小曲培菌糖化，大曲配糟发酵，发酵时间30～60天。泥窖固态发酵，混蒸混烧。

(3) 感官特征：芳香秀雅、绵柔甘洌、醇厚细腻、后味怡畅、香味馥郁、酒体净爽。

好酒“净”字为首

评判白酒质量好坏，专家为什么把“净”字放在首位？

我们在品评白酒时，不外乎“绵”“甜”“净”“爽”“香”“醇”“厚”等感知体验。一杯酒，如果不辣不燥不淡，没有各种各样的异杂味，喝着舒适，同时满足上面多种体验，我们基本上就可以判定是好酒。

在众多的感知中，专家最看重的是“净”，因为净，就排除了各种异杂味，这些异杂味包括糠味、霉味、苦味、土腥味、臭味、焦煳味、塑料味等。殊不知导致异杂味产生的根源是管理粗放、执行工艺不严，甚至人为地节约各种成本造成的。

下面简要地加以分析：

首先，管理粗放。第一，在原粮采购过程中不能对高粱、小麦等原料以及稻壳辅料进行细致把关是导致异杂味出现的首要原因。第二，酿酒设施、设备不按时清理以及场地卫生不整洁会污染香醅，导致原酒杂味横生。第三，对工人及外来人员管理不严，致使各种灰尘、杂菌带入生产现场，影响香醅质量。这些都是原酒出现杂味的原因。

其次，执行工艺不严。现在很多企业生产原酒时都缺少原粮除杂的环节，稻壳不清蒸，在原醅入池温度、水分等方面把控不严，导致原酒出现糠味、苦味等杂味。

再次，有意识地降低成本。比如使用有霉变的原辅材料，致使原酒出现霉味；池底泥清理不净混入香醅导致原酒出现臭味。这种节约成本的做法只会降低原酒质量。

古人云“天下大事必作于细”，犹如玉石不精雕细琢，很难完美呈现它的价值，酿酒也是如此。好酒背后是更加规范的管理，更多辛苦和努力的劳动，好酒价值更高也在情理之中。

还白酒一个“净”字。简单的一个字，对企业却是更深层的考验。

发黄的酒不一定是好酒

去一些白酒产区吃饭，在路边饭店、酒楼的前台经常会看到一些发黄的酒，在消费者的心目中发黄的酒都是好酒。其实这种认识是存在很大问题的。在十二大香型的感观评价中，各大香型高度酒和部分香型低度酒是允许微黄的，如下所示：

香型	高度	低度
浓香型	允许微黄	允许微黄
清香型	允许微黄	允许微黄
米香型	允许微黄	不允许微黄
凤香型	允许微黄	允许微黄
豉香型	/	允许微黄
特香型	允许微黄	不允许微黄
芝麻香型	允许微黄	不允许微黄
老白干香型	允许微黄	不允许微黄

兼香型	允许微黄	不允许微黄
酱香型	允许微黄	允许微黄
药香型	允许微黄	允许微黄
馥郁香型	允许微黄	允许微黄

即使如此，发黄的酒只是一种视觉存在，还需要在香和味方面做出评价，质量有高有低也是很正常的事。

但现在的很多消费者之所以认为发黄的酒是好酒，其根源在于很多陈酒是黄色的，“酒是陈的香”在老百姓的心目中根深蒂固，发黄的酒是陈酒这种认识也就顺理成章了。

其实新酒在短期贮存后也可能发黄，酿造工人对工艺的操作不当、原辅材料不洁净等都有可能使刚酿造的酒出现黄色。

有些酒发黄是由于贮存不当造成的，其中最主要的原因是金属贮存容器生锈污染了酒体，导致白酒发黄。

还有一点也是最重要的一点，就是一些不良商家，为牟取暴利，错误引导消费者，人为地添加色素等物质导致酒体发黄，这种行为就更可怕了。

大家一定要记住一点，白酒的正常感观是无色透明或微黄，且清澈透亮，这也是国家规定的感观标准，如果酒体呈黄色，且浑浊不透明，肯定有质量问题。

如果你在路边、码头看到发黄的白酒，提高警惕一定不会错。

没有这个2%，还是酒吗？

白酒是一种奇特的酒精饮料。说它奇特，主要在于它的成分非常复杂。其中98%是乙醇和水，只有2%左右的香味物质贡献突出的香气以及醇厚绵甜、回味悠长的口感。下面对这些香味物质作简要概述。

一、酯类

酯类物质是白酒中最主要的香味成分，在白酒2%香味物质中约占60%左右。除了己酸乙酯、乳酸乙酯、乙酸乙酯、丁酸乙酯四大酯之外，还有甲酸乙酯、丙酸乙酯、戊酸乙酯、辛酸乙酯、庚酸乙酯、棕榈酸乙酯、亚油酸乙酯、油酸乙酯等微量的酯。这些酯类物质，有些决定着白酒的风格及风味特征，有些在口感中起着平衡与协调作用，有些却对质量起反作用。比如后三种酯是白酒产生浑浊的主要原因。

一般来说，总酯高，酒质就好。现在浓香型优质纯固态白酒规定的总酯是每升2.0g以上。随着酯类的降低，酒的品质会越来越差。

二、酸类

在白酒勾调过程中，我们时常要解决的主要问题是酸酯平衡，所以白酒中有酯就必须有酸。一般来说白酒中有什么样的酯就有什么样的酸。己酸、乳酸、乙酸、丁酸是白酒中的四大酸。除此之外，还有甲酸、丙酸、棕榈酸、油酸、亚油酸、辛酸等微量的酸。酸的总量在香味物质中约占16%左右。酸含量适中，白酒醇厚绵甜；酸不足，味道粗糙或寡淡；酸过量，则酸味重，甚至杂味丛生。

三、醇类

与酯、酸一样，醇类物质是白酒不可或缺的主要呈味成分。主要包括异戊醇、异丁醇、正丙醇、正丁醇、仲丁醇、丙三醇、2—3—丁二醇、β—苯乙醇等。醇类物质在香味成分中占比在10%左右，少则味道淡薄，多则味杂，甚至出现严重的苦味。

四、醛酮类

醛酮类在白酒含量中较酯、酸和醇类含量偏低，但也是白酒中重要的呈香呈味物质。这里主要提两种成分：乙醛和乙缩醛。它们是白酒协调香气的主要成分。一般来说，乙醛在新酒中含量较高，随着新酒贮存时间的延长，乙醛经过氧化还原反应产生乙缩醛。乙缩醛是白酒中产生陈味的主要物质。

从身体健康的角度看，一般认为醇类、醛类物质是对身体有害的成分，比如甲醇在国家标准中规定必须控制在每升0.6g以下；而乙醛是目前导致癌症的主要成分之一。

总体上看，上述成分可视为白酒的骨架成分。而有关专家把含量较少的称为微量成分，把含量极少的称为复杂成分。微量成分和复杂成分才是决定白酒品质的主要物质。据有关资料显示，现在浓香型白酒可以检测到的成分有1000多种，而酱香型白酒却达2000多种。随着科技的发展，还会有越来越多的极微量成分被发现。

通过上述介绍，大家基本上可以达成以下共识：纯固态法白酒成分复杂，通过人工配制的方式无法达到相应的口感标准，这就是纯固态法白酒质量更好的主要原因。

基酒与调味酒

基酒就是厂家按照质量分级的要求，把蒸馏好的原酒分类贮存以备生产使用的酒。质量分级对一个企业非常重要，它是一个企业生产不同档次产品的基础。比如四川的基酒一般分为特级、优级、普级等三个档次，其次是不同类型的调味酒。

调味酒是指采用特殊工艺生产的、有特定的香味物质含量和独特的风味、能弥补基础酒中存在缺陷的功能性的酒。现在规模比较小的企业都不重视质量分级和调味酒的生产，这对一个企业来说是非常危险的。没有这个基础工作，想生产出高质量的白酒是困难的。

下面我列举一家生产浓香型白酒的企业对调味酒的分类，希望我们的消费者对此有一个更加清楚的认识。

（1）高酯调味酒。这种酒一般总酯较高，特别是己酸乙酯含量较高，它可以提高酒的窖香及浓郁感，对白酒的香味起协调作用。这种酒一般从发酵期较长的池底酒中摘取。

（2）陈味调味酒。这种酒可以增加酒的陈味，协调酒的味道。一般从贮存较长的原酒中选取。

（3）醇甜调味酒。这种酒可以增加酒的醇甜感，消除白酒的苦味。这种酒一般从发酵期较长的原酒中选取。

（4）酒头调味酒。这种酒可以增加酒的前香，一般从蒸馏时的前段酒中摘取。

（5）酒尾调味酒。这种酒可以增加酒的酸度，协调味道。蒸馏时从酒尾中摘取。

（6）酱香调味酒。这种酒可以增加酒的酱香，协调口感。不能生产酱香型酒的企业一般都需要从兄弟企业采购。

企业根据市场开发需要，往往需要开发与市场相适应的产品，所以对调味酒也需要不断加强研究，不断开发出新的调味酒，使自己的产品具有市场竞争力。

现在很多企业都在致力于使自己的产品形成独特的口感，追求跨香型融合，这也是企业创新的主要路径之一。

你了解看花、摘花、断花这些概念吗？

中国的酒文化博大精深，单就酿造这个环节就蕴含着很多独门绝技。这里给各位讲一讲酿酒师是如何摘酒的。

大家知道，中国最好的酒都是纯粮固态发酵蒸馏出来的。发酵有学问，蒸馏也有学问。蒸馏中接酒的过程就是看花、摘花、断花的过程。

在蒸馏时，刚开始是酒精及低沸点的香味成分先流出来，随着时间的延续，酒精越来越少，水分越来越多，酒度也越来低，直至没有酒精，这时候蒸馏就算完成了。

那么这个过程，酿酒师如何判断呢？主要是看酒花的大小，简称看花。刚开始的酒花大如豌豆，酒度也最高，一般可以达到 75 度左右；接着酒花变小，如黄豆般，这时酒度可达到 70 度左右；接下来酒花进一步变小，状如绿豆，这时的酒度一般在 60 度左右；50 度以下的酒，花如碎米，堆积密集；过一会酒花消失，俗称断花。这时候就可以考虑停止摘酒了。

由此可见，摘酒凭靠的是经验，没有日积月累，很难做到精准的判断。有经验的师傅通过不同时段的酒花可以判断上一道工序执行的好坏。上一道工序是什么呢？上甑，也就是把发酵好的香醅配一定的稻壳装进锅里，用于蒸馏。上甑是一门大学问，讲究“疏松”“均匀”“透气”，不然气上不来，就谈不上蒸馏了。

所以上甑的好坏影响流酒的时间、速度，甚至影响出酒率。

在古井有这样的一个小故事：说某班组刚刚上好甑，等着出酒。这时搞技术的总监过来了，一看刚流出的酒花，大发雷霆："让装锅（上甑）的过来！这锅咋装的?"意思是锅没装好，影响了出酒，他也是通过酒花来判断的。

以上是生产环节。在消费环节，我们一般会做出这样的判断：高度酒酒花大，低度酒酒花小。好酒站花（又有一个新名词，站花，指酒花停留的时间）时间长，差酒站花时间短。有经验的酒客看一瓶酒质量好坏，轻轻摇一摇，看看酒花就略知一二。

值得说明的是，对于市场上的成品酒，单从看酒花来判断酒质是有局限性的，口感好不好还是尝后见分晓。

一杯好酒成于守规矩、下功夫

有人问：如何提高白酒的质量？我说：太复杂了！哪个环节出了问题，都可能功亏一篑。成就一杯好酒，我觉得要遵循这样的逻辑：要有好的基酒，基酒必须贮存一定的年份，要有好的勾兑师勾调。三个重要环节缺一不可。

先说说基酒。基酒不好，成品酒就没有了根基。如何酿造好基酒呢？我觉得这几个环节必须重视：

制曲。选粮对制曲很重要，但事实上很多企业为了节约成本往往购买一些便宜的原粮，况且原粮从不除杂，曲在投料中占原粮近三分之一的比例。曲出现问题，结果可想而知。

场地卫生条件。作为食品，场地卫生脏乱差，霉菌丛生，尘土飞扬，设备布满了发霉的糟醅，会导致基酒出现各种各样的杂味。

配糠不清蒸。这种现象在很多中小企业非常普遍，酿的酒糠杂味十分严重。

香醅中池泥清理不净。大家都知道浓香型白酒的发酵容器是泥窖，如果池泥混到醅子里，就会出现不同程度的泥味。

曲的配比太高。这是很多企业目前的通病，怕不出酒，盲目加大用曲量，导致原酒发苦。

执行工艺不严。比如糊化时间、入池香醅的酸度、水分、温度控制等环节出现问题，导致出酒率下降，甚至严重影响质量。

再说贮存。有了好的基酒，还必须贮存一定的年份，使酒体老熟才能用于勾调使用。酒体老熟的目的：一是去除新酒味，使硫化物、丙烯醛等有害物质挥发掉一部分。二是使酸酯醛醇等物质达到一个相对平衡的状态，促使质量稳定。

总结一句：只有好的基酒贮存一定年份后，才能成为好酒的勾调材料。

生产上有一句行话：量质摘酒，分类贮存。实际上大家很难做到这一点。好酒差酒总是掺和在一起，结果出现这样那样的问题，让勾兑师很为难。茅台酒每年酿七个轮次的酒，有的轮次是单独存放的，有的是需几个轮次的酒盘勾后存放，其目的是为勾调茅台酒打下基础。

最后讲讲勾兑。勾兑是细活，绝不是基酒加水降度那么简单，而是对各种基酒先感观尝评再理化分析，最终找到一个最佳的组合。要反复地试验，增加各种各样的调味酒，在色香味方面要反复修饰，使口感最佳。

白酒的酿造和勾调是需要有工匠精神的。

莫要谈勾调而色变

《红高粱》中的罗汉大哥酿了一辈子酒，可真没有酿出像样的酒来，而余占鳌的一泡尿成就了远近闻名的十八里红。这是“勾调”的雏形。如果把酒比作天生的美人儿，除了时间赋予她阅历和气质，还需要略施粉黛来弥补美中不足。所以酿造之酒，必须经过勾调才能成为真正的美酒。

勾调的目的就是来打造酒的适口性，强化色、香和味，以及香与味的协调，使酒体真正给人以怡人感和愉悦感。

现在市场上很多酒都是“应时产品”，酒销得好，萝卜快了不洗泥，“精心”二字就谈不上；销售不好，有了订单就生产，随时勾调随时生产。这两种情况都出不了好酒。真正的勾调离不开“精心”二字，必须注意下列环节：

一是精选基酒。根据产品质量、档次，挑选出适宜的基酒。没有好的基酒肯定勾调不出好酒。

二是注意基酒与基酒的组合。真正的好酒必须是多种基酒的组合，这其中有粮糟酒与红糟酒的组合、发酵期短的酒与发酵期长的酒的组合，不同年份的酒的组合等。根据不同勾调目标，不同基酒的组合会有最佳方案，我们要选出那个最佳方案。

三是精心调味与后修饰。基酒组合好后，要从香和味方面下功夫，通过添加各种调味酒的方法，让酒体香气协调、味道协调、香和味相互协调，以达到我们的勾调目标。酒初次勾好后还必须贮存一段时间，再经过品尝，找出缺陷，再次修饰，定型口感，以稳定酒的质量。

四是要对勾调好的酒进行过滤、除杂等处理。

由此可见，精心勾调是一个系统工程，也是一个具有一定时间周期的事情。在这个过程中要有很多技术人员共同参与才能达成目标。

美酒的基因

我有时想，一杯美酒是有基因的。这种基因，不仅来自气候、环境，更来自技艺的传承，它们相互作用和影响形成了这杯酒独特的个性，历经岁月，品质如一。

从“水、粮、曲、窖、技、艺、人”等因素来看，“窖”的因素十分突出和神秘，诸如“明代窖池”“千年窖万年糟”等说法，给这种基因的形成提供了独特条件，而迭代的技艺传承、发展，更加优化了它的基因图谱，形成了企业产品核心的竞争力。

现在看来，拥有这种竞争力的企业都是全国的知名企业，让中小白酒企业无法逾越。

举一个通俗的例子。比如五粮液，宜宾的地理、气候条件使它与宜宾以外的企业已经形成了地缘区隔，而制曲工艺、窖泥的培养工艺及窖龄的年代、技艺的传承、年份酒的存贮数量、大师的勾调水平又使它与宜宾市范围的企业形成了区隔，所以五粮液的口感不是哪家企业想学就能学得来的。

出于技术研发的需要，我曾对全国的知名白酒做过色谱分析。可以这样描述：每个企业的产品都有自己的骨架成分，甚至在一些成分指标上有很大的差别。一方面这些差别是导致白酒风格各异的主要原因，另一方面我们又不能以此为依据判定拥有相同或相近骨架成分的白酒风格大致相同。产生这种问题的根源我觉得还是在酿造上。这种差别最终还是以地域水质、环境、工艺等体现出来。

现在一些不法商贩致力于模仿知名企业的产品，离开了上述因素，最终会竹篮打水一场空。在白酒市场供过于求的大环境下，立足于企业现有的地域条件，不断提高酿造技术，强化工艺流程管理，精耕细作，打造自己的特色产品才是企业发展的王道。

好酒定义

三五好友小酌，一人拿出一款酒名为“压池子”的酒。大家知道我爱品酒，就让我先尝。我观了一下颜色，酒体微黄。闻了闻，香气扑鼻。咂一口，陈香、绵柔、舒爽、高雅，一股陶醉的愉悦感油然而生。我禁不住说：“好酒!”朋友品尝后，也都赞不绝口。只可惜这款酒包装土气，甚至劣质。如果它的包装再多一些审美和个性，就堪称完美了，与任何大牌酒有的一比。

中国酒业协会理事长宋书玉说：目前中国不缺酒，缺的是好酒，并爆料市场上真正的好酒只占百分之一。我有时想，那百分之一的好酒让谁喝了？而那百分之九十九的所谓差酒又让谁喝了？中国的白酒消费是分层级的，到哪个层次喝哪种酒，这似乎成为酒桌文化的规矩。有人说我这辈子只喝茅台，而普通大众可能一辈子不知茅台是什么味儿，所以普通消费者很难说出酒的好坏。既然很多人不懂酒，就给很多企业钻了空子，什么高档包装低档酒质，打着纯粮酒的口号卖劣质酒，标价几百上千的年份酒等市场乱象就此产生了。我不能说这些酒的口感有多差，但这些不道德的酒绝对不是好酒。

中国地域广阔，不同的地区有不同的消费习惯。目前中国白酒的十二大香型，从某种意义上反映了人们的消费偏好。就度数而言，有些地方喜欢喝高度酒，比如河南省；而有些地方却喜欢低度酒，比如山东的某些地区，以及东北、西北、南方的很多地方都是这样。所以酒的好坏不以香型论，不以度数论。我有时听人说，茅台真难喝。我说，不是茅台难喝，而是你没有喝过这种酒或者说不习惯茅台的味道。还有人说，某某酒，喝着太淡。我只能说你已习惯喝高度酒。

我非常赞同曾祖训老先生提出的对当代饮酒特征的阐述：享受与和谐。既然是享受，那么我们饮酒时必须感觉味道要好，喝着舒服。如果杂味丛生、辛辣刺激、难以入口下咽，我们生理就会排斥，这种酒就不是好酒。现在我国对白酒成品质量的检测仍以理化指标为主，其实存在很大的弊端。做酒的人都知道，理化指标检测合格的酒并不一定是好酒。所以我们注重理化指标的同时更应该突出白酒的口感质量的品评，这样就可以避免很多劣质酒流向市场。既然感官质量很重要，那么质量好坏谁说了算？我觉得专家说了不算，只能是市场说了算、消费者说了算。既然是饮用的东西，就交由我们的“上帝”去评判吧！消费者感觉好的东西自然就是好东西。

评价一款酒的质量好坏，还必须关注消费者饮用后的体验。比如饮酒后不口干、不头痛、醒酒快。一款酒不管如何名贵，如果消费者饮后出现上头、口干、头痛症状，那么这款酒的质量就大打折扣。关注白酒消费者的后体验是白酒生产企业的责任与义务，也是未来市场的发展趋势。

最后，按照我的理解，给好酒下个定义吧！在我们饮酒过程中（包括饮用前、饮用中、饮用后）能给我们带来审美、享受和快乐体验的酒就是好酒，除了这些，其他的似乎都不重要了。

中国的评酒会及获奖产品名单

第一届全国评酒会于 1952 年在北京举行。那时酿酒工业尚处于整顿恢复阶段，国家除接收少数官僚资本家的企业外，大多数酒类生产是私人经营的。当时对酒类的生产是由国家专卖局进行管理，在这种情况下举行的第一届评酒会不可能进行系统的选拔、推荐酒的样品。这一次评酒实际上是根据市场销售信誉结合化验分析结果、评议推荐的。

1952 年中国专卖事业公司召开了第二届专卖工作会议。会议之前收集了全国的白酒、黄酒、果酒、葡萄酒的酒样 103 种。由北京试验厂（现北京酿酒总厂）研究室进行了化验分析，并向会议推荐了八种酒。会议确定了四条入选条件：

（1）品格优良，并符合高级酒类标准及卫生指标。

（2）在国内获得好评，并为全国大部分人所欢迎。

（3）历史悠久，还在全国有销售市场。

（4）制造方法特殊，具有地方特色，还不能被仿制。

根据分析结果和推荐意见，将八种酒命名为我国的八大名酒。其中白酒品牌有四个，分别是：茅台酒、汾酒、泸州大典、西凤酒。第一届全国评酒会的准备工作和条件较差，但评选出的八大名酒对推动生产、提高产品质量起到了重要作用，并给以后的评酒奠定了良好基础，树立了基本框架，开创了我国酒类评比历史的新篇章，为我国酒类评比写下了极为珍贵的一页。

之后，全国范围内的评酒会还有四次，这里只把荣获金质奖的白酒产品列举如下，希望大家有一个正确的认识。

第二届（1963 年）：五粮液、古井贡酒、泸州老窖特曲、全兴大曲、茅台酒、汾酒、西凤酒、董酒。

第三届（1979 年）：茅台酒、汾酒、五粮液、剑南春、古井贡酒、洋河大曲、董酒、泸州老窖特曲。

第四届（1984 年）：茅台酒、汾酒、五粮液、洋河大曲、剑南春、古井贡酒、董酒、西凤酒、泸州老窖特曲、双沟大曲、黄鹤楼酒、郎酒、全兴大曲。

第五届（1989 年）：茅台酒、汾酒、五粮液、洋河大曲、剑南春、古井贡酒、董酒、西凤酒、泸州老窖特曲、双沟大曲、黄鹤楼酒、郎酒、全兴大曲、武陵酒、宝丰酒、宋河粮液、沱牌曲酒。

自 1989 年以后，我国不再进行全国性的白酒评比。我们可以看到，现在发展比较好的企业，大都在五届评酒会上榜上有名，说明产品质量对一个企业的发展起着非常重要的作用。当然也有发展得不好甚至濒临破产的企业，说明企业的经营方针、营销管理等也十分关键。

老 五 甑

在全国著名的酒乡古井镇对“老五甑”这个词，几乎人人耳熟能详。

甑，音赠，当地人读 jing，四声，其实是一种误读。五甑，就是五锅，之所以加个“老”字，就是法于传统，以前大家都是这么做的，现在传承下来仍这么干。

按现在一窖池香醅两千斤的投料，正好每锅 400 斤。由于当地酿酒采用的是混蒸混烧的续糟工艺，前边三锅在蒸酒时是要加新的原料的，酒蒸出来了，新料也糊化好了，摊凉后加曲又回到窖池里。第一锅叫大茬，第二锅叫二茬，第三锅叫三茬，三茬结束，需要糊化的原料全部完成，原挖出的空池正好填满继续发酵。其他的两锅叫清吊酒或叫池底酒。池底酒也是这一池酒质最好的。池底酒酯类等香味成分丰富，口感醇厚，又因为没有加入粮食原料蒸煮，也很纯净。

老五甑操作法看似简单，其实学问很大。比如曲粮的配比、原料的除杂、粉碎、润粮技巧、入池的温度、上甑的松软疏密、蒸馏时的火大火小、摘酒师傅看花摘酒的经验、厂地卫生条件等都会影响出酒的质量和数量。老五甑操作法作为浓香型白酒的独特工艺在中国白酒界具有很大影响力。

近几年来，我们提倡工匠精神，就这一简单的操作工艺也需要我们的酿酒工穷其一生去研究学习。

“压池子”

浓香型白酒的发酵周期一般为50天至70天，但每到夏季，天气较热，即使晚上气温也在25度以上，这时候就到了白酒“压池子”阶段。

白酒在酿造发酵阶段，对香醅的入池温度是非常严格的，一般要控制在20度左右，最高不能超过25度。温度过高不仅影响出酒率，而且使酿出的酒出现不同程度的杂味。

所以浓香型白酒在夏季是不酿酒的，从五月份开始，窖池中的香醅一直压着，到九月初天气转凉才开始酿造。这期间就是所谓的“压池子”阶段。压池子要发酵3个月甚至更长的时间，该烧不烧视为“压”，说得通俗一点就是延长发酵期。

九月起醅（或更长时间起醅）烧的酒就是压池酒。一般来说压池酒的出酒率是比较低的，比正常烧酒要低20%左右。

根据酿造科学和实践，发酵时间越短，出酒率越高，但香味成分少，酒质差。发酵时间越长，香味物质多，酒质好，但出酒率低。所以压池酒比一般的原酒在市场上也有较高的溢价，一般会高出一倍左右。压池酒好也是因为发酵时间比较长的原因，这也算是酿造界难以掩饰的小秘密了。

酒 头

今天又有朋友问我要“酒头”了。我知道朋友的意思，无非就是要一些上好的原酒。但为什么大家都把好酒称为“酒头”，我确实说不清。

酒头就是香醅蒸馏时刚刚从锅甑里流出的酒，一般有二三斤。对这样的酒，酿酒师傅一般作回锅复蒸处理。

为什么要这样做？因为酒头里含有大量的硫化物、丙烯醛等低沸点物质，这些东西喝了对人体是有很大伤害的，所以都作复蒸处理。

由于大家习惯把酒头当做好酒，所以很多厂家干脆将错就错，都把自己的好酒说成酒头。从专业的角度，这种叫法是不严谨的。

记得有些厂家还专门出过名为“酒头”的酒，这就更让人匪夷所思了。

还有一个与“酒头”类似的一个概念是“头酒”。如果把白酒蒸馏时流酒的时间分为三段，即头段、中段和后段，那么头酒就可以理解为头段酒。头段酒酒度很高，香味物质丰富，在各段中酒质最好。但一般消费者却没有如此的认知。

如果把饮用舒适度作为质量衡量标准，那么三段酒是各有特色的，头段酒香辣刺激，中段醇甜，后段酸爽。从质量平衡的角度考虑，厂家在分级的基础上要对三段酒要进行盘勾处理，这与酱酒要把七个轮次酒进行盘勾是一个道理。

原酒、原浆之辨

原酒，基本上可以定义为刚蒸馏出的原始酒液。

从原料分类看，包括高粱酒、玉米酒、大米酒等。现在市场上的原酒一般是由高粱酿造或以高粱为主同时加入大米、糯米、玉米等粮食酿造。

从生产工艺看，原酒分为头茬酒、二茬酒、三茬酒、池底酒。根据每甑的流酒过程又分为头段酒、中段酒和后段酒。从质量上看，原酒又包括各种分级酒，比如特级酒、优质酒、普级酒。从时间上看，又分为新酒与年份酒。根据企业生产管理及勾兑使用的需要，又分为基酒、调味酒。

原酒的概念多而杂，每个企业的分类及叫法也存在区别。但这些概念多存在于生产企业内部，市场上很多消费者根本没有听说过。现在也有不少企业生产的成品酒直接标明“原酒”，但这个概念严格来说是不严谨的，因为原酒只要经过勾调就不叫原酒了。

原酒根据口感风格是分香型的，除十二大香型的原酒之外，也有各种作坊酒和家庭自酿酒，这些酒的质量千差万别，消费者通过品尝自可以分清优劣。

与原酒相同的概念就是原浆了。但原浆这个概念目前却被滥用于成品酒的命名。现在市场上带原浆称号的酒可不少。由于它是通用名称，大小企业生产产品都可以以“原浆”命名（注：年份原浆为古井集团专用商标）。但这个所谓的原浆并非原酒。

现在很多企业开发原浆产品又通过数字来划分产品档次，比如数字“5”为低档产品，数字“8”为中档产品，数字“30”为高档产品。不管如何标识，最终要通过品鉴来决定产品的质量，切不可被这些数字搞晕了。

总体上看，我觉得将原酒作为生产概念、原浆作为市场概念比较合适。原酒的度数一般在60度以上，而市场上的原浆却可以有各种度数。

有人问原酒与原浆哪个口感更好？说实在话，我三两句话真难讲得清楚。最好是拿酒来，自己品尝。

贮酒的容器

现在厂家的贮酒容器主要有以下几种：

一是不锈钢罐。20 世纪 90 年代之前，很多白酒企业是采用铝罐贮酒的。铝罐表层的三氧化二铝（一种保护膜）很容易与白酒中的酸产生化学反应，导致保护膜脱落。而金属铝在温度较高的情况下又很容易与乙醇等物质发生反应，产生乙醇铝。乙醇铝作为沉淀游离在酒中，对酒体造成严重污染。

所以 90 年代以后我国白酒界基本上完成了由不锈钢罐取代铝罐的改造。不锈钢罐相对铝罐坚实耐用，更适合大容量贮酒。现在容量几十吨、几百吨，甚至上千吨的酒罐都很常见。

二是陶坛。陶坛被白酒界认为是最好的贮酒容器。现在比较通行的说法是用陶坛贮酒可以加速白酒的老熟。主要原因是陶制品其分子团相对疏松，有利于空气进行坛内，加速酒中的成分进行氧化还原反应，促进老熟。

陶坛的缺陷是体积小，最大的容量也不过 1000 升，占地面积大，且容易破损。即使用质量较好的陶坛贮酒，每年的正常的消耗也达到 3%～5%。

三是酒海。酒海是由荆条做成的篓或木制的箱，内糊血料纸，作为贮酒容器。所谓的血料，一般是由猪血与石灰制成的有可塑性的特殊材料，遇到酒精即形成一种薄膜，可以用来盛酒。目前在陕西、安徽的一些企业仍能见到这种容器。使用酒海贮酒造价低、不易损坏，据说贮酒三年以上酒体就会发黄。

四是塑料桶。现在主管部门是严禁企业使用塑料制品贮酒的，但因短期周转需要，很多企业还在使用。特别是一些客户到厂里买点散酒，还是用塑料桶装。现在市场上流通的塑料桶主要有两种：

一种是纯透明的 PET 材质（聚对苯二甲酸乙二醇酯），一种是白色半透明 HDPE 材质（高密度聚乙烯）。

PET 材质有韧性，色彩光亮，制造简单。食品级的 PET 材质是无毒的，可用来装酒，超市里的桶装花生油、矿泉水饮料包装基本都采用这种材质。用于装食品的 PET 材质国家有严格标准。缺点是 PET 材质不耐高温，在高温情况下可能会造成有毒物质溶出，这种桶也不适合长期存酒，特别是夏天高温季节，放久了对酒体还是有污染的，建议使用这种桶周转后立即改用陶坛或玻璃瓶贮存。

HDPE 材质白色半透明，是耐酸碱稳定材质，具有良好的韧性，相对 PET 材质可耐高温。食品级的 HDPE 色泽光亮，表面有类似蜡质光泽，可用来装食品。HDPE 本身是无毒的。但此类塑料桶生产中过程中用到一些加工或改性助剂，如填料、稳定助剂或颜料，这些材料成分中含有有害物质，所以，此类塑料桶不能长期用来贮酒。

作为普通消费者，如果在厂家采购散酒，使用塑料桶短期周转后要改用陶坛或玻璃瓶贮存。

白酒要想长期贮存，必须要注意密封，特别是陶坛，上面的塞子要想方设法封紧，现在陶坛的塞子一般都有塑料，要注意塑料部分不要接触酒体，以防造成污染。

酒是陈的香，不是越陈越香

酒是陈的香，这种观念早已深入人心。最早进行这种观念推广的非茅台莫属，茅台酒在宣传时明确提出“从生产、贮存到出厂历经五年以上”。有人认为这是茅台的营销手段，我却觉得这是茅台的工艺要求。作为酱香型酒，不贮存五年以上很难达到国家标准要求的口感。

现在业内普遍认为浓香型酒也必须达到一年以上才能勾兑出厂。这里提出了一个问题，是不是新酒都不能直接装瓶销售？一般来说，质量检测达标没有什么问题，但口感却不会太好。

据专家分析，新酒辛辣刺激，不仅口感不好，喝了还容易上头，而经过贮存一定时间后，新酒中的有害物质得到了一定程度的挥发。特别是乙醛经过氧化还原反应以后，转化为乙缩醛，白酒质量趋于稳定，口感也变得醇厚起来。这就是新酒要经过贮存进行陈化老熟的原因。

这里仍存在一个问题，酒是不是越陈越好呢？也不是，再好的酒它都有一个最佳的老熟时间。按照有关专家的说法，60 度浓香型酒一般贮存 8 年左右口感最好，再往后质量就走下坡路。

所以“酒是陈的香”这种说法是要有限制条件的。前几年中国白酒界对这种观点的宣传有点过了头，很多企业都在出 30 年甚至 50 年的年份酒，其实真正贮存几十年的年份酒市场上除了少数大企业之外很难找到，更不用说大量在市场上流通了。现在大家渐渐地把这种“年份标识”作为区分产品档次的手段了，但也仅仅限于大企业的产品，中小企业的产品鱼龙混杂，又很难做出质量好坏的判断。

我认为“酒是陈的香”只适用于纯粮固态发酵酒或使用了一定比例固态发酵酒进行勾兑的白酒，且酒的度数至少要高于 45 度。根据我个人的经验，50 度以上白酒 10 年以后质量也会变得越来越差，45 左右的白酒 5 年以后会变得较差，40 度以下的白酒三年以后就会变得很差。对于使用酒精勾兑的调香白酒，不论度高度低，都不能长期存放，还是即买即饮为好。

土 埋 酒

最近有朋友告诉我，说他寻到一坛好酒，想埋在地下，等女儿出嫁再拿出来与大家分享。我的回答让他大为失望，好好的一坛酒为什么要埋在地下呢？听了我的解释后，他打消了埋酒的念头。

其实，对于土埋酒是有来历的。在浙江绍兴一带，家里有女儿出生，做父亲的会把自家酿造的酒封坛埋于树下，待女儿出嫁时挖出来与亲戚朋友分享。这也是“女儿红”酒的来历。

我查阅过网上的相关资料，不同的厂家对女儿红有不同的故事版本。故事很美丽，现实却很“残酷”。比如说这个故事可以追溯到晋朝，那么按照我国的酿酒史记载，那时根本没有高度酒。如果把一坛十几度的酒埋于地下，过了十七八年，能变成什么样子，大家可想而知。

对于白酒的贮存，国家是有标准的，即置于阴凉、通风、干燥处，防止潮湿、环境不洁净等因素污染酒体。现在白酒包装，除了玻璃瓶之外，陶坛居多，特别是大容量产品。陶坛的坛壁因较疏松建立了酒分子与外界环境的通道，如果长期埋在地下，外部环境的有害物质就会通过坛壁间隙进入酒体，对酒质会产生不良影响。

现在网传很火的土埋酒，实际上只是销售的噱头，大家切莫轻信。

白酒的度数与度量

我国的白酒都是用毫升来标注净含量的，比如 1000ml、500ml、250ml 等。市场上主流产品一瓶是 500ml。这里有人问了，一瓶 500ml 的酒到底有多重呢？

这里要考虑酒的度数问题，不同的度数其重量也不一样。酒的度数用酒精的体积与酒的体积的百分比来表示，即%vol。比如 52 度的酒，标注为 52%vol，表明酒精的体积占比为 52%，以此类推，45 度的酒体积占比为 45%，38 度的酒体积占比 38%。

知道了酒里含有酒精的体积百分比，我们就可以计算出酒的重量。假如有三种酒都是 500ml，酒精度分别为 52 度、45 度和 38 度，那么它们对应的重量应该是：

52 度酒的重量＝500×52%×酒精密度＋500×48%×水的密度

＝260×0.78934＋240×1

＝445.2284 克

通过同样的办法可以算出 45 度的酒重量 452.6015 克，38 度酒的重量为 459.9746 克。

由此可见，不管哪种度数的酒，因酒精含量及密度原因，500 毫升的重量永远不是 500 克。

通过上面的计算可以得出结论：相同体积的酒随着酒精度的增加，其重量是越来越轻的，因为酒精的比重增加了，水的比重就会减少。所以同样体积的酒，高度酒比低度酒轻就是这个道理。

现在老百姓喝酒习惯上说喝了几斤几斤，其实并没有那么多。现在很多酒友经常说喝了多少多少瓶，以显得自己酒量大，其实这里更应该分析一下了。

首先看每瓶酒的体积是多少，450ml、480ml 与 500ml 还是存着不小的差距。其次要看度数，35 度、38 度与 52 度、60 度差距大了。我们评价一个人的酒量还要看他在多少时间内摄入酒精的总量。

由于白酒的体积与重量存在差距，在白酒经营活动中经常会出现不少的买卖纠纷。记得有一次我去一家散酒店闲逛，见一位买酒的正和老板嚷嚷，买酒的说老板不实在，缺斤少两。老板说他是认真量得一点不错。

买酒的走后，我告诉酒老板，说他店里价签要改改了，每斤多少元一律改成每 500 毫升多少元。因为他那个所谓 1 斤的打酒提子绝对没有一斤。不然往后还会有麻烦，除非用电子秤来给人家称重。经我解释后老板欣然改了价签。

作为普通消费者，我们在买酒时特别是买散装酒时一定要考虑商家的度量标准，以维护自己的合法权益。

白酒度数越高越好吗？

现在白酒市场上还存在一种误区：很多人认为度数高的白酒好，度数低的白酒不好。

之所以产生这种认识，可能与白酒界一个有名的实验有关，这个实验大致的内容是：用 53.94ml 的酒精加 49.83ml 的水，其体积刚好是 100ml，而不是理论上的 103.77ml，少了 3.77ml。

实验得出结论是：酒精和水混合时酒精分子会和水分子相互缔合，那消失的 3.77ml 体积是它们结合抱团的缘故。

一般认为 52 度至 53 度是酒精分子和水分子缔合最好的度数，所以市场上高度白酒主流度数一般都为五十二度、五十三度。

那么由此就认为高度酒比低度酒好是缺乏逻辑性的。在前文中我也曾提到影响酒质的主要因素是酒中的微量成分和复杂成分。而这些成分的多少取决于酿造工艺以及企业在勾调时对成本的锚定。

举一个简单的例子：同样是 52 度的酒，我可以使用更多的好酒导致成本增加，也可以使用质量较差的酒去降低成本。

同样的道理，我们在勾调低度酒时也可以使用更多的好酒，致使生产成本大幅度提升。

在市场上我们也可以看到低度酒中也不缺乏好酒，比如五粮液、剑南春、洋河梦之蓝等。

我国是白酒消费大国，不同区域对白酒的消费习惯不一样。比如河南省偏好高度酒，山东人偏好低度酒，安徽人偏好 42 度左右的中度酒，在这些琳琅满目的产品中，档次有高有底，都不是用度数来决定的。

总之一句话：酒的好坏与度数无关，只与酒的内在品质有关。酒的品质决定饮用者喝酒时的舒适度和愉悦体验。

假酒与高仿酒

假酒一般有几种情况：一种是使用工业酒精勾兑的白酒，主要发生在农村。一些不法商贩缺乏法律意识，对饮食安全缺乏认知，用工业酒精勾兑白酒。工业酒精甲醇含量高，即使稀释后仍严重超标。甲醇是剧毒物质，饮用4～6克就会使人致盲，10克以上就可致死。所以特大假酒案大都与甲醇有关。现在国家对工业酒精的销售实施了严格的追溯制度，使用工业酒精勾兑白酒的现象已基本上得到了杜绝。

假酒的另一种情况是冒牌酒，即冒充其他厂家的品牌生产白酒。冒充的品牌一般都是高端酒与市场畅销酒，不法商家感觉有利可图才违法生产冒牌酒。

还有一种情况的假酒是以次充好。比如发霉的酒。前几年我去成都参加全国糖酒会，在大街上随处可见这种酒。两三斤的小坛子上裹了层牛皮纸，牛皮纸上布满绿色的霉菌。据说，这种霉菌七天就可以制造出来。发霉的酒给人的感觉是"陈酒"。消费者认为陈酒是好酒，其实这是假陈酒。

高仿酒严格来说也是假酒，造假者从不同渠道搞到某品牌酒的包装，往瓶中注入低于同档次质量的酒，非专业内的人或缺乏经验的人很难分辨，故也可将其称为高仿酒。近几年来，一些高端知名品牌的高仿酒大行其道，与不法商家追逐暴利有关。

白酒的标签

根据国家食品标识的相关规定，白酒标识必须包括以下内容：产品名称、酒精度、净含量、原料或配料、执行标准、质量等级、生产企业的相关信息、贮藏条件、产地、联系方式等信息，切记这些内容不可缺失。读懂了白酒的标签，能使我们更好地认识白酒。

一、产品名称

产品名称可以说是五花八门，有时到超市走一走，让人眼花缭乱。总结起来主要包括以下几种命名方式：一是按照品牌命名：如五粮液、古井贡酒、今世缘酒等。二是产地＋品牌的方式：如贵州茅台酒。三是按生产工艺及其特点命名：如老窖、特曲、头曲、二曲、大曲、二锅头、陈酿。这种命名方式，一般被认为是通用名称，通过前缀商标来进行识别，如泸州老窖、古井大曲、红星二锅头等。四是个性化名称。现在市场上出现很多个性化的名称，如谷小白、子约、点小酒等，但使用这些名称之前也必须要申请注册商标进行知识产权保护。

二、酒精度

酒精度是指在温度20度时，酒精占白酒的体积百分比。酒精度在质检部门检测时允许有正负 1 度的误差。比如 42 度的酒，如果经检测是 41.8 度或 42.8 度，质检部门就可以判定这个酒精度是合格的，如果经检测是 40.9 或 43.1 就不合格。国家以 41 度为分界线，把高于 41 度的酒定义为高度酒，把低于 41 度的酒定义为低度酒，其感观标准和理化指标的评价标准是不一样的。

三、净含量

白酒的净含量是用毫升（ml）来标识的。目前市场上在售产品一般为 500ml。对于一些比较规范的大企业，一般在净含量前会带计量合格标志。

四、原料或配料

原料是指产品生产时所使用的水、粮食名称等，按比例大小从多到少排列。以单粮浓香型为例，其原料标识为：水、高粱、小麦、大麦、豌豆；多粮浓香型标识为：水、高粱、大米、糯米、小麦、玉米。上述为纯粮固态法酒的标识方法。如果是其他工艺生产的白酒，其标识应写“配料”，其标识内容主要有：水、纯固态法白酒、食用酒精、食品添加剂等。

五、执行标准

目前，我国不同香型白酒执行的国家标准是不一样的。酱香有酱香的标准，浓香有浓香的标准，它们是质检部门检测产品质量是否合格的主要依据。下面列举如下：

GB/T10781.1　浓香型白酒
GB/T10781.2　清香型白酒
GB/T10781.3　米香型白酒
GB/T14867　凤香型白酒
GB/T16289　豉香型白酒
GB/T20823　特香型白酒
GB/T20824　芝麻香型白酒
GB/T20825　老白干香型白酒

GB/T23547　浓酱兼香型白酒

GB/T26760　酱香型白酒

GB/T20821　液态法白酒

GB/T20822　固液法白酒

消费者可以通过这些标准了解白酒的香型及相关生产工艺。

六、质量等级

白酒的质量等级是根据执行标准来制定的，一般分为优级和一级两个等级，优级高于一级。

七、生产企业的相关信息

白酒标签必须注明生产企业名称、地址和生产许可证号。国家对白酒的生产许可证审查是非常严格的，不具有生产许可证的企业不能生产白酒。

八、贮藏条件

国家对白酒的贮存条件也有明确规定，必须注明“置于阴凉、通风、干燥处保存”等字样。

九、产地

国家对白酒产地的标识规定，至少要标识到市级。

十、联系方式

标签中至少要有一种联系方式的标识，以利于对市场产品的追溯。

价　　格

目前中国白酒市场存在着一个最奇怪的现象：扫码价格与销售价格严重背离。扫码价很高，而实际销售价格却大打折扣。当然这种现象在其他市场比如服装市场上的表现也很突出。出现这种状况的底层逻辑是厂家迎合消费者认为价格高质量就好的消费心理。

作为白酒，消费者如何判别质量的高低？一是看包装，二是看价格。仅此而已。

中国的白酒在很大程度上是一种面子消费。可以想象，在酒桌上如果出现两种酒：一种扫码价 498 元，一种扫码价是 98 元，可以想象拿第二种酒的人是多么地没有面子，尽管第二种酒与第一种酒质量相当甚至比第一种还好，都无法挽回拿酒者的面子。所以商家卖的不是酒，而是消费者的心理。正因为如此，商家可以肆意妄为地抬高价格，一瓶本该售卖十几元的酒被贴上几百元的价格标签。

近几年在白酒界流行的“拿百元大钞换酒”的活动，玩的正是这种标价技巧，只要你手里有“顺子号”“豹子号”的 100 元人民币可以购买 1200 元一箱的酒，诱惑力很大吧，其实这箱酒商家 100 元卖了还能挣几十元，成本也就几十元。但这活动可火得不得了，据说有些地方搞活动，消费者排队几百米等候购买，一天销量可达数千箱。

出现上述现象还有一个重要原因，就是消费者对白酒的质量缺乏认知，在这瓶酒没有打开之前，谁也不知道它的质量高低，在购买时只有通过扫码价与售价之间进行比较，如果差距过大，感觉自己占了便宜，就容易产生购买的冲动。

我觉得这种营销手段很难走得长远，消费者感觉很实惠于是买了这种酒，如果质量确实很差，也会大呼上当，最终不会重复购买。

这里谈谈白酒的价格一般是由什么决定的。我个人的理解，白酒的价格主要包括生产成本、时间成本和品牌溢价。

后文我会提到酱香型酒的生产过程，生产设施造价高，原料成本高，贮存时间长，导致酱香型酒生产成本比其他酒生产成本高。其实我们评估同香型内的酒也可以从这方面考虑，比如浓香型酒，发酵期短、出酒率高，而发酵期长的酒出酒率低，可以确定的是后者比前者价格高。

关于品牌溢价很好理解。品牌是多年的营销推广打造出来的。现在知名企业的营销费用每年几亿乃至十几亿已是司空见惯，所以知名企业的产品价格高也是正常现象。

酒的价值

酒法乎自然，取五谷精华，凝匠人心血，经历岁月，得其凉浆，供世人饮用，这就是物化的酒。酒分三六九等，因品类、品牌、品质而不同。这就是酒存在的物质价值。

酒自古以来用于祭祀，成为人们与上天沟通的媒介。个人独酌，体验放松、迷醉的感觉，抑或滔滔不绝、妙语连珠，抑或诗意大发、挥笔成章……，此时酒不仅仅是酒，而是人们步入精神王国的桥梁。从这种意义上讲这就是酒的精神价值。

酒自古以来就是奢侈品和礼品。古代帝王把美酒赠予群臣分享，这种习俗一直延至今天，好酒赠之分享之，亦是人间快事。古人云：有人的地方都有江湖，有江湖的地方必有美酒。特别是当今社会，酒成为人们交际中的重要礼品，各类宴请招待都离不开酒，没有酒的饭局变得生趣全无。这就是酒的交际价值。

酒是陈的香，很多人藏之、盼之、饮之、分享之，使藏酒成为期盼美好未来的一种生活方式。

从物化的酒到精神世界的酒，再到人与人交际、表情达意的酒，再到梦想中的酒，使酒这一独特的饮料具有多维的价值表现。

物质化的酒因品质品味不同，体现了不同层次不同圈子人士共同的价值观。

如何看待作坊酒？

中国的白酒生产实际上存在三个层次：

第一个层次就是指酿酒企业，规模不等，大大小小也有几万家，目前存在着向头部企业集中的趋势。

第二个层次是酿酒作坊或者叫酿酒个体户。

这些酿酒作坊以生产清香型酒为主，其次是米香型，也有少量的薯干酒、果露酒等。他们生产出的酒以售卖为主。

第三个层次是家酿酒，自产自用。比如南方，不少地方都自家酿造米酒。

我这里主要谈谈第二个层次的作坊酒。他们生产的酒主要用于销售，这里就有一个质量的控制和消费者的饮用安全问题。

如何进行质量控制？

现在作坊酒生产基本上是老板一人操作或指导他人生产。老板的生产技能、经验和道德品质就显得极为重要。如果他们有品牌意识，不盲目追求暴利，也可以生产出较好的作坊酒。

现在四川、重庆地区的小曲清香技术已很成熟，很多的作坊酒口感质量已相当不错。但也有一部分作坊酒的质量较差，存在种种问题。

最近几年，我曾走访过一些酿酒作坊，其产品质量确实参差不齐。我觉得首先还是生产的技术问题。比如勾兑，很多小作坊老板不知道如何勾兑，甚至连最简单的降度或升度都处理不好，在调香调味方面更是无从下手。其次是酒的塑化剂问题。因为他们在生产中还是大量地使用塑料布进行密封，甚至发酵容器也是塑料制品。这种酒具有很明显的塑料味。

作为消费者如何去选择这些作坊酒呢？

我觉得主要注意以下两点：

一是考察它的卫生条件，包括酿酒设备的干净程度、粮食有没有杂质等。因为一个作坊的卫生状况是最直观的。

二是看它的发酵设备有没有塑料，比如塑料布、塑料桶等。如果有，就要多加注意。

三是亲自品尝，看看自己在口感上能不能接受。如果发现酒有异杂味、塑料味、糠味、霉味等，说明酒质存在很大问题。选择这种酒，主要还是通过品尝鉴别，别无他法。

低度酒里面没有好酒？

在国家标准上我们把 41 度以上的酒称为高度酒，41 度以下的酒称为低度酒。从消费者的主流认识看，一般把 42 度以上的酒称为高度酒，42 以下的酒称为低度酒。

酒的好坏与度数有关吗？其实没有关系。我们知道任何产品都有质量档次的差别。一款酒的好坏主要取决于市场营销定位，即档次与价格定位。如果我们想把一款酒定位为高端酒，并期望在市场上卖几百元上千元一瓶，那么我们必须围绕这个定位去打造产品。在生产时，选择更好的基酒甚至更长的年份酒，在勾调方面要下足功夫，使高端品质得以呈现。

现在市场上一些品牌产品都有低度酒，比如五粮液、水井坊、古井贡、国缘等等。这些酒的品质都非常好。

从我的实践看，低度酒的勾调比高度酒更加困难，因为低度酒勾调时在基酒的基础上相比高度酒需要加浆（水）更多。水加多了，一般在技术上要解决两个问题：一是水味重问题；二是低度酒的“浑浊”（业内称“失光”）问题。前者需要对基酒进行前置性理化指标定位，根据需要选择相应基酒，还要添加更多的调味酒来弥补相关的缺陷；后者则需要对酒进行活性炭吸附、过滤等技术处理。所以低度酒的勾调相对复杂。

之所以有人认为低度酒里没有好酒，那是受茅台等产品的认知影响。茅台酒是白酒界的 NO. 1，53 度，价格也最高。但茅台是酱香型酒，酱香型酒在白酒整个市场份额中占有的比例还是比较低的。

从全国范围看，有些地方喜欢高度酒，有些地方喜欢低度酒，只要有需求，就有品质的差别，实际上与度数无关。

民间烧酒队

在中国酿酒产区活跃着很多的烧酒队伍，一个师傅带着七八个或十来个人就可以烧酒。烧酒队伍的存在是有客观原因的。现在很多中小企业由于生产规模小，一般养不了自己的酿酒工人，所以在酿酒的环节主要采用外包的方式，可以节省大量的人力成本。

企业的这种生产模式，存在以下问题：

一是企业要求的目标与烧酒队伍的目标很难平衡。比如企业需要较高的质量，同时也追求出酒率。而烧酒队伍一般会把出酒率作为第一目标，因为他们想到的是首先要为企业多出酒，不出酒说不定工资就拿不到。为了追求出酒率烧酒师傅一般加大用曲比例，业内人士都知道，曲大酒苦，所以很多企业都存在着这样的问题。

质量的提高需要对原粮进行除杂处理，场地卫生必须保持干净整洁，使用过的设备必须及时清理，使用的辅料稻壳必须清蒸，酒醅入池的温度和水分必须严格遵照工艺要求，这些方面做好了，才是酿造好酒的前提。然而这些工作，往往会加大烧酒工的工作量。对中小企业来说，严格要求工人遵守工艺流程，适当增加工人报酬是提高酿酒质量有效的做法。

二是管理粗放。据观察，在四川等白酒产业集中的地方，只要是成年男子，几乎都会烧酒。因为烧酒的活儿在师傅的指导下，干一遍就会了。由于缺乏统一的科学管理，生产工艺往往是师傅一个人说了算，所以师傅的经验与管理水平会制约出酒的产量与质量。如果师傅缺乏责任心的话，后果可想而知。

大量烧酒队的存在促进了当地经济的发展。烧酒师傅农忙时干活收种庄稼，不忙时就进厂烧酒，种田、工作两不误，一年下来收入相当可观。

说说“糖酒会”

自 1996 年开始，我参加过的糖酒会有数十次。有全国性的，有区域性的。这里主要聊聊全国性的糖酒会。糖酒会的全称是“全国糖酒商品交易会”，由中国糖业酒类集团公司主办，自 1955 年开始，到目前已举办 105 届，每年举办两次，分春季糖酒会和秋季糖酒会。

从 1987 年开始，春季糖酒会都在成都举办，秋季糖酒会一般会选择在郑州、济南、长沙、石家庄等地举办。

糖酒会的参展企业一般分三类：一是酒类，包括白酒、红酒和啤酒等；二是食品类；三是包装机械类。对参展企业并没有过多要求，只要是企业，不管是厂家还是代理商、经销商都可参与。参展费用，可高可低，少则几万、十几万，多则几十万、几百万甚至上千万都有可能，企业只要不怕花钱，多少都花得出去。

参加糖酒会，不同的企业、不同的人，其目的是不一样的。有的是为了招商，有的是为了展示企业形象，有的是为了联络感情，有的是了解市场信息，有的是为了听讲座学习知识，甚至有的人就是为了“纯玩”。

糖酒会是酒类及食品企业和广大经销商交易的平台，也是我们广大的白酒爱好者了解和品鉴各种白酒产品的一个盛会。在这里，你不仅可以体验到万千人流涌动的热闹场面，也能体会到各种品牌、各种品类的商品之美，尽享美酒、美食。

在众多的举办地当中，我最喜欢的是成都。成都一直被认为我国西部著名的休闲之都，市内及周边旅游资源丰富，武侯祠、杜甫草堂、峨眉山、都江堰等都是全国著名的旅游景区。

糖酒会对一般厂家与商家来说是会前会。厂家大都在会议开始前五天在各大酒店布展，与广大经销商进行业务洽谈。会议开幕前各大酒店开始撤展进入综合大型展区。大型展区一般展出三天。作为白酒爱好者，建议可以在开展前一天到达成都，当然要提前订好房间、安排好自己的旅行，注意！会展期间各种差旅费用有点小贵哟！

品　酒　篇

品酒四步法则

目前，对白酒的品评仍以感观为主。有人问：好酒和差酒能不能化验出来？我说没有可能。酒是食品，和其他美食一样只有靠品尝才能感知品质优劣。下面的做法为业内通行的品酒方法。

一、眼观其色

取一 25 毫升或 50 毫升的透明水晶杯洗净，然后倒入需品鉴的白酒 10 毫升左右进行涮洗扔掉，重新倒入需品鉴的白酒至七分满，举杯观看酒液，好的白酒澄清透明或微黄透明，不浑浊，无悬浮物及沉淀物。

二、鼻闻其香

将酒杯举起，把酒杯置于鼻下 10～20 毫米处，头略低，轻嗅其气味。最初不要摇杯，闻酒的香气挥发情况；然后摇杯闻较强的香气。凡是香气协调，有愉快感，主体香突出，无其他邪杂气味，溢香性又好，一倒出就香气四溢、芳香扑鼻的，说明酒中的香气物质较多。不同香型的酒有不同的香气特征。凡香气纯正、细腻，能给人带来愉悦感的酒都是好酒；而出现刺鼻难闻、异香突出且让人不舒适的酒都不是好酒。在闻的时候，要先呼气，之后对酒吸气，不能对酒呼气。

三、口尝其味

轻啜一口（约 0.5～1 毫升），注意入口时慢而稳，让酒液布满口腔及舌面，停留 5 秒，然后“咂”一下嘴巴，再停留 5 秒，再“咂”一下嘴巴，如此反复，来感知酒的醇香度、柔和度、和谐度及持久度。其香味经久不散，落喉爽净，绵甜澈洌，且饮后满口生香、回味悠长、留香持久者是好酒。

品完白酒后，倒净酒杯中所余白酒，保留空杯，过一段时间，嗅其酒杯，优质的白酒较长时间还残留原粮酿造的曲香和窖香味道，而且香味纯正；低质量白酒和酒精勾兑的白酒，白酒香味留杯时间较短（挥发较快），而且会残留勾兑时使用食用香料的异味。

四、判断风格

通过上述三步，对其做出综合判断：此酒是什么样的酒，隶属于哪种香型。

品 酒 师

品酒师是通过嗅闻和品尝对酒体进行评价的职业人士。

一听说品酒师，大家可能认为是一个高大上的职业。其实品酒师的活儿并不轻松。现在酒厂的品酒师主要有以下职责：

一是原酒质量把关。现在酒厂酿出的酒并不是蒸馏出来就完事了，而是要分级分类贮存，为勾调形成质量统一的品质打下基础。很多品酒师就是负责原酒质量把控工作。原酒度数高，一般在 60 度以上。品酒师要对各车间及班组生产出的酒进行品尝鉴定。这是个辛苦活儿。对于美酒品一品可能是一种享受，如果天天品，每天数百次的品可能就是个苦差事。

二是根据市场需要设计酒体并对酒体进行评价。现在每个酒厂都在开发设计新产品，特别在提高酒体（酒本身）质量方面投入了大量工作。酒体设计是品酒师的一项重要工作。酒体设计师一般称为勾兑师。勾兑师的重要技能是会品酒。如果品不好，就很难完成整个勾兑过程。所以酒厂的勾兑师一般都是品酒师。酒体设计完成以后需要更多的品酒师在色、香、味等方面进行综合评价，这可能是品酒师比较直观的工作了。

三是对生产环节提供建议或指导。大家可能认为品酒师指导酿酒那不是越权了吗？其实不是。大师级的品酒师通过对原酒的品尝，可以了解酿造工艺中存在的一些问题。比如酒苦，品酒师可能会建议在生产上适当降低用曲比；味不净，品酒师会建议在用糠、入池温度、场地卫生等方面要进行改善。

所以，品酒师不仅要会尝酒，还要懂生产酿造。当一名合格的品酒师其实是不容易的。

阅酒无数

记得在一次培训课上，著名的白酒专家杨官荣先生告诉大家，要学会品酒，必须要多尝酒，什么牌子的酒都要尝，阅酒无数才能成为品酒专家。

现在评价一杯酒的好坏主要还是靠感观，味道对不对一喝便知。现在很多厂家认为老百姓都不懂酒，所以对质量也不是太重视，其实是非常错误的。那些有一定经济基础，或经常出入酒楼饭店的老酒客，很多人都是喝酒的行家。

前段时间，与几个朋友在一起喝酒，有人开了一瓶茅台，结果一位朋友一咂嘴就说味道太刺激，我一尝便知这是一款高仿酒。

那么，为什么说很多人不懂酒呢？我觉得还是要看人。我觉得，我国大部分农村地区的消费者对好酒是缺乏辨识度的，比如说一个人一辈子没有喝过茅台，那么他对酱香型酒的好坏就无法做出判断；如果他没有喝过五粮液、国窖 1573 等高端酒，那么就无法对浓香型酒的好坏做出判断。

所以要想成为品酒行家，就必须多尝，高端酒、中端酒、低端酒都要尝，这样才能体会出不同的酒在香气、味道等方便的差别与优劣。

变味的酒

有人说，同一款酒会喝出不同的味道。首先告诉大家，这个命题是成立的。我从以下几个方面分述。

一、不同的人会喝出不同的味道

我们时常会发现这样的现象：大家在一起吃饭时开一瓶酒，有人说好喝，有人说难喝；甚至有人说苦，有人说不苦。这是什么原因呢？

主要原因是每个人的味蕾对味道的感知不同。味蕾因人而异，所以会有不同的味道评价。还有人提出，每个人因基因不同，其分泌的唾液也不同，唾液直接影响味觉，从而使不同的人对同一款酒产生不同的味道。

二、不同的时间会喝出不同的味道

同一款酒，不同的时间去品鉴也会产生不同的味道。因为人的味觉在不同的时间感知是不一样的，比如早、中、晚你去喝同一款酒，感觉味道会有差异。这是正常现象。

基于这方面的考虑，现在专业评酒员评酒对评酒时间是有要求的，通常规定上午九点至十一点半、下午三点至五点左右是评酒的最佳时间。

三、品尝不同温度的白酒会有味道差异

一般来说白酒的最佳饮用温度是 20 度左右，温度过低过高都会影响口感。所以同一款酒因温度不同会有不同的味道，这也是正常的。

四、每个人在不同的生理状态下喝酒味道会有差异

人的情绪、疾病等因素会影响人的嗅觉和味觉，在一定程度上会影响对酒的香气和味道的判断。

五、不断刺激的味蕾会影响味觉的感知结果

这一点比较有意思。

行内有个卖酒的老板，他其实就卖一种酒，为了销售或者为了挣更多的钱，他时常把同一种酒分成三杯，让客户品尝，结果客户选了“最好”的一杯。一个人刚品过第一杯酒会直接影响第二杯酒的判断。产生这种现象的理论依据是人的嗅觉和味觉在经过长时间的刺激后会导致灵敏度的降低或者前一杯酒的味道会影响后一杯酒味道。在先后品尝几杯酒的情况下，有人在香味品评上会认为第一杯好，有人会认为最后一杯好。这主要还是由于人的生理缺陷造成的。

为了改变这种现象，当喝完第一种酒时一定要漱口，稍过一会再品第二种，这样有利于对酒的味道做正确的判断。

江湖鉴酒，八仙过海

俗话说：有男人的地方就有酒，有酒的地方就有江湖。其实围绕着“鉴酒”也存在着江湖，有很多企业为了证明自己的酒好，可谓绝技频出。但总结起来，大多破绽百出，经不起推敲，但有些方法确实有可取之外。下面列举如下。

一、拉酒线

现在网上时常流传着通过拉酒线来判断酒好坏的做法，据说在某些地方已成为鉴酒的一种通行做法。如果作为一种娱乐，表演一下或活跃一下气氛，我觉得倒也无可厚非，但如果把它作为判断酒质好坏的一种手段就有局限性了。

厂家的解释是：越是陈酒越能拉出酒线，因为陈酒酯类物质更多。我曾说过，陈酒并非越陈越好；也曾说过，质量有问题的酒，时间放得再长也不会变好。如果说酯类对酒线有贡献度，那么醇类呢？人为添加黏稠剂呢？这样的酒还是好酒吗？

二、加水法

现在很多消费者通过往酒里加水看是否出现浑浊来判断酒的好坏，这种做法还是有局限性的。一般而言，对于纯固态发酵白酒，往酒里加水，酒中的油酸乙酯、亚油酸乙酯和棕榈酸乙酯等高级脂肪酸及其乙酯类的大分子物质会因水的含量增加而析出，从而出现浑浊现象。这一般用于检测纯固态白酒。

我以前也讲过，即使是纯粮固态白酒也存在质量差异的，不能由此判断加水变浑的酒就是好酒。

现在市场上的成品酒，在出厂时一般都要进行冷冻、活性炭、精滤等处理，处理以后再加水就不再浑浊，我们不能因为加水不变浑浊而判定这个酒是差酒。

作为生产厂家，为了误导消费者，人为地在液态法白酒中添加上述高级脂肪酸乙酯，就更不可取了。

三、挂杯法

这种方法是通过摇晃酒杯，看杯中酒在杯壁上是否形成酒泪（酒在杯壁上形成的痕迹）来判定酒的好坏的方法。挂杯好的酒一般是酯、醇含量较多的酒，与第一条鉴酒方式一样，这些物质可以人为添加，所以挂杯好的酒未必是好酒。

四、燃烧法

记得多年以前，我的一位客户到我办公室，为了测试我的酒质量好坏，当场倒了半斤酒，就用打火机点起来，他实验的结果，说我的酒好。我说："你是怎么判别的?"他说："你的酒烧后剩下的水浑。"此后参加了某企业的新品推广活动，厂家也有一个烧酒鉴酒的环节，道理基本相同。

后来经过研究分析，这种方式只能区别纯固态法白酒和液态法白酒。固态白酒燃后剩余的液体是浑浊的，而液态法白酒剩余的液体却是清澈的。因为前者微量成分多，酒精燃烧后一些不溶于水的成分析出，导致浑浊；后者因无法添加更多的复杂成分，所以燃烧后是清澈的。

五、手搓法

把少量酒液倒入掌心，双手轻搓，两三秒后闻嗅掌心发出的香气，以此来判断酒的好坏的方法，为手搓法。用手搓酒是鉴别固态发酵白酒与酒精酒的常用方法，基本原理是：酒液借助手搓的温度升高、分散，可以快速蒸发，能让鼻子嗅到真实的酒的香气。

纯粮固态酒香气自然、舒适，并带有自然的曲香味。酱香型酒酱香是比较突出的，浓香型酒比如五粮液陈香、粮香突出，汾酒清香突出。不同的酒有不同的香气。而酒精酒香气不自然，酒精味儿重，甚至有刺鼻的感觉，经常喝酒的人是能够辨别的。

另外一个要点是，手搓时固态酒有滑腻的感觉，而酒精酒更接近水的质感。主要原因是前者微量成分多，特别是各种醇类物质都有滑腻感。

白酒的香气

在白酒界，流传着“七分闻，三分尝”的说法，以此说明“闻”在评酒中的重要作用。

大家可能看过品酒大师通过闻香辨识白酒香型的视频，感觉非常了不起，其实这种能力经过严格训练基本上是可以达到的。

现在市场上销售的各种风格的高档白酒在香气上都具有高辨识度，有的一闻便知，比如茅台酒具有突出的酱香，米香型白酒具有玫瑰花香，药香型白酒具有淡淡的药香，豉香型白酒具有典型的油哈味。这些香气很容易让我们产生联想并很快记住。有些香却需要对比训练才能辨别出来，比如白云边、口子窖、酒鬼酒，这些酒有的酱中带浓，有的浓中带酱，有的是几种香气的复合香。再比如清香型，有大曲清香、小曲清香、麸曲清香之分，没有一定功底的人是很难分得清的。

在众多香型中，我觉得最难辨识的是浓香型白酒。浓香型白酒在市场上占比最高，名酒也最多，可它们的香气都自成风格，比如五粮液的香气是多粮香与陈香的复合香气，国窖 1573 是窖香与醇香的复合香气，古井贡酒古 20 是粮香、窖香、陈香并伴有糟香的复合香气。

有人说，这么多白酒的香气没有好坏之分吗？肯定有。各大香型白酒中其固有的代表自身风格的香气都是好的香气，比如酱香、清香、米香、芝麻香、药香等等。在同一类香型中，比如浓香型我们认为粮香、窖香、曲香是好的香气，而泥臭味、腥味、霉味、生糠、煳味、青草味、塑料味等都不是好的香气。

从所有的产品看，我们认为陈香、糟香、醇香都是好的香气，尤以陈香最好。一般来说，好的白酒闻香自然舒适、协调幽雅，差的香气则难闻、刺鼻、不协调。

高档白酒的香气都是多种高品质香气的复合香，除具有代表自身风格的香气之外，还存在舒适的陈香，普通消费者未必对这些香气了解得很清楚，但只要觉得好闻，从生理上不排斥，我觉得这个酒的香就应该是及格的，这是勾兑师的底线，也是我们的生产厂家要努力达到的最低标准。

白酒的味道

白酒酸、甜、苦、辣、涩五味俱全，这里简要谈谈这些味道是由什么贡献的。

酸味是白酒的重要口味物质。白酒中的酸类物质以乙酸含量最多，其酸味有愉快感，是白酒酸味的主要成分，其次还有己酸、乳酸、丁酸、戊酸、甲酸、丙酸、庚酸等，酸在白酒诸味中起协调解暴的作用，其中乳酸还能给赋予白酒浓厚的感觉。

白酒的甜味主要来源于醇类，特别是多元醇类。多元醇的甜味随着羟基的增加而加强。如丁四醇的甜味比蔗糖大两倍，己六醇的甜味更强。此外，多元醇都是黏稠体，均能给酒带来丰满、浓厚感，使酒口味绵长。

白酒的苦味主要是过量的高级醇、较多的酚类和糠醛引起的。这类物质均由发酵产生，其中正丙醇极苦，异丁醇、正丁醇、仲丁醇均有苦味。另外，原料中的单宁、甘薯酮等苦味物质，由于蒸馏时被拖入酒中，也会使酒呈强烈苦味。苦味露头的白酒不是好酒。

辣味不属于味觉，它是口腔黏膜及舌面受到刺激产生的痛觉。不会饮酒的人初尝白酒，头一个感觉就是辣。白酒的辣感主要来源于醛类物质。极微量的乙醛即形成辣感，甘油醛、乙缩醛和过量的糠醛、高级醇也会产生辣感。醛类物质是发酵的中间产物，发酵完全可降低醛含量。此外，缓汽蒸馏、掐头去尾、贮存老熟均能减少酒的“辣味”。

白酒的涩味也不属于味觉，它主要是由高级醇、单宁、过量的乳酸乙酯等物质产生的苦、甜、酸不平衡造成的。另外，生产过程中起疏松作用的配料糠壳，如使用过多，也会给酒带来涩味。白酒的涩味不应显露，否则就不是好酒。

品酒的“五字”甄别法

高档酒与低档酒的口感差别主要体现在哪里？我在对比了五粮液、国窖1573、剑南春等高档酒与市场上的杂牌低档酒之后，觉得口感差异基本上可以用“香、柔、厚、净、长”五个字来进行甄别概括。

先说说香。香的体现主要通过闻来鉴别。好酒香气舒适，放香好，是多种香的复合香，以前我也说过，陈香、粮香、窖香、曲香、糟香、酱香、醇香、木香等都是好的香气，而品质差的酒，香气单一刺鼻。对于普通消费者来说，往往可以通过好闻或难闻来区别。

其次说说柔。好酒柔和顺口，丰满协调，入口即化；差酒就显得十分生硬，甚至辛辣刺激，味道有明显的分层感。

再说说厚。好酒味道醇厚，一般老百姓会用“厚实”来形容；而差酒味道单薄，有一种“剐”的感觉，甚至带有一定程度的水味。

“净”是区别酒的好坏的主要口感指标之一。好酒味道爽净；差酒却带有各种各样的杂味，如涩味、苦味、霉味、土腥味、臭味等。

最后说说“长”。好酒回味悠长，而差酒则味短。

好酒尽管还有各种各样的优点，差酒也有方方面面的缺点，但这几点是最基本的，大家不妨品品看。

专家口感与大众口感

前段时间又听到一个故事，说某客户把某酒厂老板送给他的酒给退了。

据我所知，这位老板是位老实人，他把厂里最好的压池酒送给了客户，结果客户非但不领情，还说老板在坑他，说拿不能喝的酒送给他。

这种压池酒就是发酵期比较长的酒，总酯含量高，酒精度也高，太冲太辣，但从专业的角度来讲这绝对是好酒，但消费者未必喝得习惯。大众消费者没有多少人会认真品酒，都是感觉喝着舒适就行了。所以对于白酒来说，专家口感与大众口感总是存在这样那样的差距。几年前香醅缘公司勾调白酒时，就不再强调专业口感了，提倡坚持市场导向，迎合不同地区的口感习惯。

从全国范围来看，河南人喜欢高度酒，口感偏浓厚；山东人则喜欢豪饮，40 度以下的酒很畅销。内蒙古及东北几省，看似在北方，其实大部分地区也喜欢绵柔的低度白酒。安徽人则喜欢 42 度到 46 度的中度酒。总体上南方人喜欢绵甜，而北方人特别是京津一带过甜的酒却不喜欢。从香型上看，西北山西、陕西及北京、天津一带喜欢清香，贵州人只喜欢喝 50 度以上的酱香型酒，而中原、华东地区却喜欢浓香型酒，云南、广西一带有很大部分人喜欢米香型酒。所以专业人员不能把自己的口感强加给消费者。有时候不是酒好不好的问题，而是习惯不习惯、适应不适应的问题。

特殊生理状态与白酒口感

可能大家都有过这样的经历：心情特不好的时候，什么食物吃了都没味。心情不好这种生理现象影响了人的味觉和嗅觉。至于人的何种情绪对味觉产生重要影响，这就是相关专家研究的问题了。

记得多年前我在四川山区经历过一个特别恐惧的事件，当时一天都难以进食，因为吃什么都味同嚼蜡。

人的心情好坏与白酒的口感呈正相关。可以这样求证：即白酒较舒适的口感是勾兑师在正常的生理状态下勾兑出来的，这种口感标准反映的是人的常态下的正常体验。心情不好时，人的生理机能发生变化，最终会影响酒的口感。

除此之外，人在感冒等状态下，对酒的口感通常也是负体验。据有关医学专家分析，人在感冒状态下，由于细菌或病毒入侵人体，抵抗力暂时下降，造成味觉细胞、舌头的神经暂时反应迟钝或失灵。感冒引起鼻腔顶部的嗅觉上皮发炎、肿胀，使嗅觉颗粒不能与嗅觉上皮有效接触，这种情况多随着鼻腔炎症的消退很快改善。

当我们在同一时间、同一环境下品尝同一种酒时，如果发现酒的味道不对或与以前有出入，也可以从个人生理方面找找原因。

茅台+五粮液，为什么味道变差了？

我以前说过，每一款名酒都是一个独立的系统，其骨架成分、协调成分、复杂成分的比例含量都是固定的。这是每一家酒厂的酿造与科研人员经过多年的努力形成的企业的核心竞争力。一般来说其他企业无法复制。

在这个基础上，我们就比较容易理解为什么两款不同品牌的酒混着喝口感变差了，因为这样做的结果打破了两个酒的固有平衡，企业经过多年的努力建立起来的好酒基因被打破，各种成分重新组合，变得杂乱无章，失去了两款酒固有的风格。不是酒质变差了，而是好酒失去了特有的灵性。

这就是勾兑的问题。一般来说：

不同厂家的好酒与好酒勾兑在多数情况下会变成差酒。

而相同厂家的好酒与差酒勾兑也可能变成好酒，也可能变成差酒。

而差酒与差酒进行勾兑也可能变成好酒。

这大概就是勾兑艺术的魅力吧！

鉴酒秘诀

有酒友提出一个如何鉴别白酒质量好坏的问题。我说酒就是食品，一款酒质量好坏也只有自己喝了才知道。这就如吃饭，你在大排档花几十块钱炒俩菜也许就是为了填饱肚子，如果你去特色酒店多花几百元，可能就成了享受美食。喝一般的酒可以过酒瘾，饮用美酒则是更高层次的享受。酒和酒肯定不一样。

如何鉴别？两个字：对比！

如何对比？先在同一香型内对比。比如五粮液、泸州、古井、洋河，谁优谁劣，喝了就知道。

一般来说，同一场景下只喝一种酒，很多人是喝不出好坏来的。但同时喝几款酒，优劣自现。这也是我不提倡在同一聚会中喝多种酒的原因。

我们每个人生理上天生具有感知味道好坏的能力，通过对比饮用鉴别，孬酒好酒自然一目了然。

在评酒时，还有一个注意事项就是先在同一度数内进行对比，掌握这项技能以后，再扩大范围同时去品不同度数的酒。对于初学者来说，这种练习方式有利于提升对酒质的感知能力。

在对比评酒的第二阶段，可以尝试同时品评不同香型的白酒。我觉得这非常有意思。比如平时你特别爱喝的某款酒，在喝过另外某某酒后感觉它不好喝了，就如一个武林高手突然遇到了对手，刚一交手就大败而归。

其实在琳琅满目的白酒中，很多酒是具有味觉杀伤力的。有的酒你喝过以后，其他酒真的不想喝了，要么变淡了，要么变苦了，要么杂味丛生，你说奇怪不奇怪？其实这也有一定的科学道理，这与味道具有相乘相杀等作用有关。

根据我的经验，好酒“定力”深。这体现在当我们体验到其他食品的味道后，好酒的口感不会有太大改变，而普通的酒受其他味道影响就比较大。比如我们有时喝着某款酒还可以，吃菜后再饮用，味道就大煞风景。一句话，还是酒的定力不够。

以前我总以为，不同香型白酒之间不能区分好坏。然而近两年，通过更多产品间的对比，我改变了这种认知：不谈风格，我们只谈香和味以及饮用后的舒适愉悦感，它们还是存在差别的，有时候上千元一瓶的高端酒也未必有百十元一瓶的小众酒好喝！

另类评酒：从回嗝看酒质

如果说从色、香、味、格等方面评酒算正统，我说的这种办法有点另类了。

前文提到，好的酒是有定力的——就是不为其他味道破坏的味道基础。从回嗝看酒质，与此有关，大体遵循以下原则：

（1）回嗝苦的酒。绝对是劣质酒。你喝的酒在酸甜苦辣咸等味道的作用下，出现了严重的苦味。这种酒绝对不好。

（2）回嗝甜的酒。酒质中档。回嗝有甜甜的酒味，说明这个酒勾调得比较完美。饭菜的味道对酒质并没有产生根本的改变。

（3）回嗝酒香浓郁的酒。即使数个小时以后仍有浓浓的酒香，这种无疑是高档酒。只有纯粮固态发酵的优质酒才有这种味道。

这纯属个人经验，而且通过多人调查证实，读者方便时可以仔细体会。

饮 酒 篇

走，找酒去

现在是商品经济高度发达的社会，你想要什么，基本上都可以买到。但对于一个爱酒人士，想尝遍中国乃至世界的好酒绝对是很困难的。单就中国而言，全国数万家酒厂，每天喝一个牌子，估计一个人一辈子也尝不完。所以品酒，就要找准路子，好比品味美食，首先你要知道全国几大菜系，每个菜系包括哪些著名的菜，这样你就容易下手了。

品酒也是如此，前面介绍了白酒香型（全国十二大香型），首先对此要有清晰的认识，其次要了解每一香型中有哪些著名的企业，每个企业有哪些主流品牌，接下来的事就好办了。

比如酱香型酒最好的是茅台，茅台喝过了，你再品其他的品牌比如郎酒、习酒等就可以找出它们的不同。

大曲清香主要品牌是汾酒，如果你尝了青花和老白汾，你肯定对大曲清香有正确的认识。

对于浓香型，全国市场份额占比最大，不同区域风格差异也很大，那么对其主流品牌五粮液、剑南春、国窖 1573、水井坊、古井贡酒年份原浆、洋河梦系列产品都要品尝才能体会出差别来。

就香型而言，中国的白酒各有特色，无好坏之分，所以每种香型的酒都要品尝一下，才能感受到中国白酒的魅力。可惜的是这些酒都很贵。对于经济条件稍差的朋友怎样才能喝到好酒呢？那就要花一番功夫研究研究。近几年来，我曾驱车去过很多地方，目的是为广大的白酒爱好者寻到一杯好酒，在以后的时间，我会把我的所悟所得通过新浪微博分享给大家。

首先要告诉大家的是，中国还有很多酒是充满独特风味的，只是因为企业规模较小，市场占有率有限，还不能创造较高的经济效益和社会效益为行业所认知，但我们不能否认这种独特产品的存在。在网商时代，一些小而美、小而特的产品很受市场的欢迎就很能说明问题。

我们应该如何选择一瓶好酒?

在我给白酒的定义中，曾提出三个度量的维度，即饮用前、饮用中、饮用后的感知与体验。就道理而言与一般的产品并没有什么不同。

先说饮用前。饮用前看包装，是我们通过视觉和触觉感知白酒商品进行价值判断的最直接的方式。撇开一些高端品牌酒固有的价值认知，比如茅台、五粮液、国窖 1573 等大牌之外，包装仍是我们买酒时首先要考量的。一款做工精细、包装时尚的酒水，想必也不会太差。

其次说说饮用中的体验。前茅台董事长季克良老先生曾说过：好酒必须喝着舒适。在多年的勾调实践中，我对好酒的进阶评价又增加了两个字——愉悦。喝好酒如享受美食，那种生理上的愉快感绝非一般的吃饱那样简单。

中国白酒酸、甜、苦、辣、涩五味俱全，但每种味道都要平衡适中，才会让人舒适愉悦，相反，过辣、过甜以及苦味、涩味、酸味露头的酒都让人讨厌，产生不适感。从这个角度评价白酒，我把它划分为三个档次：不能喝的白酒（问题白酒）、能喝的白酒（合格白酒）和好喝的白酒（优质白酒），这当然是以一定的消费者层级来讲的。

最后再说饮用后的体验。好酒不上头、醉得慢，醒酒快，这是好酒必须具备的特征。目前市场上的很多白酒很容易做到口感舒适，却难以做到饮后第二天不头痛。这也是困扰着很多厂家的技术难题。

以前有些厂家提出了低醉酒度的概念，并明确提出为了实现“低醉”的目标，严控引起白酒上头快、引起头痛的几大因子，但从实践来看，操作起来非常不易。

根据我的经验，引起白酒头痛的主要因素有酒精、醛类物质、杂醇油、酸酯平衡等。其中有些因素，必须通过时间的沉积才能减少影响，比如让人头疼的乙醛必须经过氧化才能转化为缩醛，白酒经过贮存才能逐渐达到酸酯平衡。所以使用陈酒勾调是解决饮后头痛的主要手段。但业内同行都知道，陈酒在市场上属于稀缺资源，哪有这么多陈酒供应这么庞大的市场？这也是很多畅销品牌酒饮后体验并不太好的原因。

喝好酒有方法

中国的好酒资源主要集中在名牌大企业，这是不争的事实。那么作为普通老百姓就只能喝十几元、几十元的低档酒吗？事实上也不是这样的。在网络和信息高度发达的时代，中国的老百姓完全可以喝上更好的酒。

现在一般的消费者采购白酒仍然沿袭传统的渠道，比如到超市购买或在酒店消费时临时选购。其实你花 50 元购买的一瓶酒，酒水成本不足 10 元。为什么这样说呢？一般来说，50 元的酒，饭店老板至少要挣 20 元左右，上游经销商至少要留利 10 元，厂家也要留利 10 元，还余 10 元，这 10 元去掉包装、瓶子，酒水价值几何？

这种情况你怎么能喝上好酒呢？所以要喝好酒就必须改变你的采购渠道。有人问：是否通过电商通道就能避免中间商赚差价，买到高性价比的好酒呢？答案是否定的。因为现在所有的行业都存在着传统渠道与电商渠道并行的情况，厂家为保证产品价格体系不乱，线上线下价格都不会差别很大。所以你花几十元在网上买一瓶酒，未必是好酒。

在这里，我给大家介绍一种寻找好酒的路径——从源头去找。寻找厂家，大的企业找不到就找中小企业。现在中小企业受大牌企业市场挤压，生存发展很难。找到了这些企业就可以购买到原汁原味的纯粮固态酒，且价格不贵。

有人问了，我怎么才能找到这些厂家？打开百度地图或高德地图，就近搜“酒厂”，驱车或电话联系，去考察厂家的原酒。我相信价格不会太贵。因为去除了经销商和超市酒店终端的利润，你买得是不是太值了？

不过这里也有一个前提，就是你要懂酒，通过口感品尝能鉴别酒的好坏。如果你缺乏鉴别力可以寻找经常喝酒的老酒客一同前往。

定 制 酒

定制酒就是按单位、组织或个人的需求，由白酒厂家为其量身定做的白酒。主要包括以下几种：

1. 企业或组织定制白酒

单位定制白酒有以下好处：

一是可以节省招待成本。大家都知道，单位招待白酒一般都是品牌酒，价格也比较高。定制酒因为省掉了商家中间环节的利润，成本相对低廉。

二是外包装可以印上企业或单位标志、宣传广告等，可以为企业起到很好的宣传作用。

三是酒水口感可以按客户需求定做。

2. 经销商定制白酒

这是白酒厂家按经销商的需要为其定制的产品。一般会有经销商的品牌。经销商定制白酒可以最大限度地实现销量和创造利润。

3. 红白喜事等定制白酒

这种产品个性化，能够彰显主人地位与风采，当然也可以省点钞票哦！

4. 其他定制白酒

这主要为民间组织或社会团体定制诸如纪念酒、收藏酒等。

最后，说说注意事项：

（1）市场上的定制白酒未必是好酒，有很多是炒作的概念酒。

（2）要找正规厂家，先尝后定，注意留样。

（3）包装与酒水口感定制最好由相应的专业公司参与或协助确定。

OEM 白酒

白酒贴牌目前在中国白酒市场非常普遍。近多年来很多大牌企业也在广泛招揽贴牌客户，最终透支了品牌，一些品牌酒的质量受到消费者的质疑。现在大部分厂家已开始规范贴牌行为，但贴牌作为轻资产运营仍具有较强的生命力。

如何做好白酒贴牌，需要注意以下几个方面：

一是选好厂家。对厂家的信用要做全面考察。这一点非常重要，也是贴牌成功的基础。

二是贴牌要有个性。有个性的品牌才有生命力。现在个性的牌子不好找。看看现在有大厂背书的牌子，什么内供、窖藏等千篇一律，毫无新意。

三是保证质量。对于贴牌产品，厂家和供应商都要利润，所以质量很难保证。我在一些展会上尝过很多贴牌酒，质量的确不高。为保证贴牌酒的质量，对合作流程严格把控是非常有必要的。首先双方接洽确定产品小样，其次对比小样让厂家放大样，最后对比小样与大样的质量，控制产品质量。只要找对路，还是能够开发出高品质贴牌酒的。

最后要注意贴牌知识产权保护。这一点非常重要。在市场上我们都能看到活生生的例子。估计大家也略知一二，就不再展开了。

人的基因决定酒量

大家都知道酒里面主要物质是乙醇，乙醇可不是好东西，人体会把它当作毒素来进行解毒。解毒过程并不复杂，就两步：第一步，乙醇转换成乙醛；第二步，乙醛转换成乙酸。乙醇和乙醛都有害，但最终转换成的乙酸，就对人体就无毒无害了。

在这个过程中，需要两个“工人”：把乙醇加工成乙醛的工人叫“乙醇脱氢酶”，把乙醛加工成乙酸的工人叫“乙醛脱氢酶”。前一类工人很廉价，人体一般都不缺；但后一类工人——“乙醛脱氢酶”却比较稀罕，有的人多，有的人少，而它的多少，就决定了你的酒量。

河南省酒业协会健康饮酒指导中心副主任、教授程富川提到，通过对人的乙醇脱氢酶和乙醛脱氢酶等多种乙醇代谢基因的研究，发现基因型可分为 6 种。一个人能不能喝酒，酒量有多大，都由基因决定。

程富川教授表示，在很多人眼里，酒量就像胆量一样，是一件可以练习提高的事情，其实从医学的角度看，酒量就写在我们的基因里，练还是不练，它永远都维持着这个水平。

饮酒基因是人体基因序列的一段，人在出生时，饮酒基因就已经决定了其酒量大小，并且终身都不会改变。

什么是饮酒基因？简单地说，就是和乙醇分解有关的一系列基因，有乙醇脱氢酶、乙醛脱氢酶、过氧化物歧化酶、过氧化物酶等，它们决定着不同人喝酒之后的反应差异。其中前两种酶影响最为直接，如果发生异常，乙醛就会在体内大量堆积，严重的会伤害肝脏。

人在饮酒时，乙醇如果分解不够快，会进入血液，并影响大脑，这也是喝酒后头晕、头疼的原因；而乙醛如果分解不够快，则会让人反胃、呕吐，这也是喝酒脸红的原因。当然更严重的是，如果肝脏长期被乙醛刺激，会影响肝功能。

看到这里，你可能会有疑虑：既然酒量是天生携带的基因决定的，那为什么身边还会出现后天养成的“酒仙”？

也许你在酒桌上经常听到这样的故事：有人过去一杯就倒，但是经过两年的“酒精考验”，现在能喝趴下一桌人。程富川表示，其实这并不是酒量的提升，而只是人体的耐受能力增加了。原本喝一杯脸就红，就是肝脏在提醒身体：“别喝了，我受不了了。”但是耐受力增加后，肝脏不再做出这些提醒，造成的结果只是肝脏损伤越来越严重。

多喝几杯有诀窍

有时候出去应酬难免要多喝几杯，除非你的酒量特别大，否则多做些准备还是非常有必要的。有的人喝酒经常连场，但连场的结果就是自己每次喝的酒越来越少。所以在你参加重要的应酬之前要尽量少喝或不喝，这也是你在重要场合多喝几杯的基础。除此之外，还有几点注意事项：

一是应酬前适当吃点食物，比如喝杯牛奶、吃点坚果等。

二是酒局刚开始时尽量放慢节奏。现在很多地方有头三杯的讲究，这对于不能喝酒的人来说是很难应付的。一般来说，越是正规的酒局，每个人饮酒量多少，大家都不会很在意，这时候不妨少喝点。

三是多吃食物。在以上的文章中已经提及，这里不再多讲。

四是不混搭饮酒。在很多地方，酒致兴时，往往白酒、红酒、啤酒等一起上，这时候切忌不要混着喝。

五是尽量喝低度酒。

如果主人准备了几种酒，比如高度酒与低度酒，尽量喝低度酒，如果你善于喝红酒和啤酒，比如有的人被称为“啤酒王子”，那还是发挥自己的特长为佳。

六是喝白酒时尽量多喝水。现在很多酒局，主人会每人准备一瓶纯净水，如果你能明白多喝水可以稀释酒精，延缓肠胃吸收等道理，还是多喝点水吧。

哪些人不能饮酒？

美酒虽好，但有些人还是不能触碰的，轻则触犯法律，重则危及健康与生命。以下人员应杜绝饮酒：

一、开车的人不能饮酒

酒后开车会大大提高交通事故发生的概率。一般来说，酒驾会降低当事人对外界事物的反应能力；如果醉驾，对外界事物的判断能力和自身的控制能力会大幅下降，严重时会出现视觉障碍、瞌睡等生理现象。在这种状态下开车，后果可想而知，所以世界上很多国家包括我国都严禁酒后开车。

二、刚吃过药的人不能饮酒

很多药物在饮酒以后都是不能服用的，因为吃过药后可能会由于酒精的因素，造成过敏、呼吸困难甚至是休克。常见的药物有抗生素比如青霉素、头孢菌素等，或者止疼药比如止痛片、索米痛片等，以及抗过敏药物比如马来酸氯苯那敏片、氯雷他定等。所以如果患者由于身体状况需要口服上述药物，需要严格戒酒。且患者在饮酒以后，至少1～2周以内不允许口服上述药物，若已经服用上述药物并出现不良症状，建议患者立即前往医院就诊。

三、有关病人要严禁饮酒

下述几类病人要杜绝饮酒：

一是三高人群。饮酒宜使人情绪激动，大脑兴奋，血管扩张，血压升高，或者造成心律不齐，心跳加速等不良症状。所以患有三高的人群，应严禁饮酒，以免给自身健康和生命安全带来风险。

二是心脏病患者。喝酒导致血液流速增快，进一步增加心脏负担，严重时导致心梗。

三是胃肠疾病患者。酒精可能导致胃黏膜损伤，引起上腹疼痛、反酸、嗳气等症状，使原有胃病加重。胃溃疡、胃炎、肠炎、肾炎及眼病患者等都不宜饮酒。有痔疮的人也不宜饮酒。

四是肝炎病患者。酒精会直接损伤肝细胞，酒精对肝功能有抑制和毒害作用。患有肝炎病的人，不节制地喝酒就等于慢性自杀。

五是近视眼、青光眼患者。继致盲“头号杀手”白内障之后，青光眼成为排名全球第二位的致盲因素，过量饮酒可导致眼压增高，而酒中含的甲醇，对视网膜有明显的毒副作用。酒还能直接影响视网膜，阻碍视网膜产生感觉视色素，导致眼睛适应光线能力下降。

四、孕妇及儿童要杜绝饮酒

酒精是日常生活中较常见的致畸剂之一。孕妇饮酒可引起胎盘血管痉挛、胎儿缺氧而影响胎儿发育，产生低体重或畸形。对于儿童来说，其大脑皮层生理功能尚不完善，身体各器官均处于生长发育过程中，容易受到酒精的伤害，且年龄越小的幼儿，酒精中毒的机会越多。酒精可对儿童器官产生损害，可导致急性胃炎或溃疡病，还能引起肝损伤，甚至肝硬化；酒精对儿童脑组织的损害更为明显，使儿童记忆力减退，智力发育迟缓。因此，孕妇与儿童不宜饮酒。

入乡不随俗

多年来，我参加过很多酒局，对方劝说“入乡随俗”，可真是随了俗了，基本上是喝一场醉一场。这里列举几个地方喝酒的风俗，与各位共勉。

山东酒俗

山东是孔孟之乡，自古讲究礼节。在山东，喝酒不论座次，喝酒流程完全遵照规矩。什么庄主、主宾、次宾，主陪、副陪、三陪、四陪分得很清楚。喝酒用大杯，尽管度数不高，绝对让人感觉热情豪爽，大三两的杯子，一般在庄主的声明下六次或几次喝完，这杯喝完后，主陪发话，又是一杯，并声明几次喝完，不知不觉六七两酒就下肚了，在混场阶段又是轮着挨着的互敬。没有七八两的酒量很难招架得住。

安徽酒俗

我在安徽太和喝酒，几乎是次次醉。酒局开始后，在座各位（除特殊情况不喝酒者）面前均倒满一杯酒，称为“门盅”。在走盅之前，主动出酒者必须先喝完自己门盅里的酒。走盅可以分为“单走”和“邀杯”两种，一般由主人或者位尊者先发话，喝完自己的酒，再倒满单独敬某某人，说上几句吉祥话或者仰慕的客气话，被走盅对象必须接受。因为一个人只有一个杯子，如果你想多敬某人几杯，就要“邀杯”，邀请别人把杯中酒喝完，把空杯借给你，然后再一次性走盅给某人。最少一个，多者三个、四个、六个、八个不等，美其名曰一对元宝、拉驾车、开三轮、五讲四美三热爱、七仙女等，或取意一心一意、双喜临门、三星高照、四季发财、六六大顺等等，甚至还会集中桌上所有的酒杯给某一个人，取名“开会”。如此下来，即使你酒量再大，估计也难以招架。

河南酒俗

年轻的老板进入河南的当天晚上做客郑州，有朋友设下接风宴盛情款待。开宴后朋友斟满七杯酒，对他介绍说：“按照我们河南的规矩，贵客临门先端酒，七杯酒是最高礼节，请笑纳。”老板入乡随俗，喝下七杯酒。朋友说咱俩再碰一杯，这叫“端七碰一”，客人第一次上门就这个数。客人第二次上门是“端五碰二”，第三次上门是“端三碰三”，主、客碰三表明双方平等了，以后再来便是常客，喝酒就随意了。接着几个陪客的纷纷“端七碰一”，老板知道这是规矩，又觉得对方热情，便一一受用。不想受用七次便是七八五十六杯，还没等回敬主人就醉倒了。

通过对上面几个地方的饮酒风俗的认识可以看出，你去了这些地方，如果你想醉可以放心地喝，如果你感觉身体无法承受，还是少饮为妙。我在这些地方醉过几次之后，干脆是滴酒不碰，这些所谓的规矩对自己不再适用了。

下 酒 菜

喝白酒，选择什么样的下酒菜非常重要。因为很多菜会让酒的绵爽甘美大打折扣。根据我个人的经验，以下几种菜要慎重选择：

一是过酸食物。吃过含酸量大的食物再喝酒，口中的酸味与酒的味道混合，会打破酒中各种成分的平衡，酒变得杂味丛生，影响口感。

二是过甜的食物。这类食物与酒同用会使酒变苦。

三是过辣的食物。与酒同食，酒会变得更辣。

四是含淀粉多的食物。现在很多人都有这样的经验，在酒没有喝完之前不吃主食，所以含淀粉多的菜要少吃。

下面几种菜是喝酒的标配：

1. 油炸花生或水煮花生

一般来说吃油炸花生容易上火的朋友可以换成水煮花生。

2. 酱牛肉

中原一带的黄牛肉是非常有名的，喝酒时切一盘牛肉，不需再配料，口感非常好，最宜下酒。我个人认为黄牛肉的口感要好于南方的水牛肉，水牛肉又好于西北的牦牛肉。

3. 卤猪肉拼盘

比较通行的说法是，喝酒可以解卤肉之腻，使肉变得爽口；而肉之油腻又可以护肠护胃。二者相得益彰，绝配。

4. 凉拌皮蛋

皮蛋爽脆可口，但有一种腥味，但酒也可以去除腥味。二者也算比较好的搭配了。

5. 黄瓜段

吃黄瓜是品酒者的标配，因为黄瓜相对于其他水果几乎没有过酸过甜等味道。

6. 煎豆腐

有人说吃豆腐可以解酒，但我确实没有找到相应的依据，吃豆腐喝酒倒是不会影响酒味。我点汤时常点青菜豆腐羹，基本与此同理。

除此之外还有很多，但只要循着我上述思路去做，基本上都没有错。

醉 得 慢

不管参加哪种酒局，让自己醉得慢是一种社交的艺术。如果你做东，更应该引起高度重视。四川有一酒企推出一种低醉酒度白酒，说是“严控五大醉酒因子”，这种酒我还没有喝过，但它确实迎合了市场的需求。著名的白酒专家曾祖训就很推崇这种酒。

我觉得白酒在勾调时要注意以下几点是不容易醉的：

一是尽量用陈酒勾调。有人说喝茅台不容易醉，这与茅台的年份有很大关系。

二是要选择含醛量低的白酒。醛类物质是白酒中的重要成分，不同的酒含量也不一样，在不影响口感的情况下，低醛我觉得应该是不错的选择。

三是酸酯要平衡。我以前说过，好酒是有基因的，其中最重要的一条应该是酸酯要有一个合理的比例，某种成分过多过少都会影响酒的口感，也会让人上头快、醉得快。

除了白酒本身之外，我觉得要想醉得慢就在于饮酒者的态度了。我结合自己的经验总结了以下几点，供你们参考：

一是不要迟到。迟到不仅对别人不够尊敬，也很容易让你很快醉倒。中原一带，迟到者有自罚酒的说法。即使不罚酒，你在敬酒方面也比别人慢了半拍，为了加快进度，短时间内喝的酒量就多了。这种境况会让你醉得特别快。因为一个人的酒量与喝酒的时间绝对成正比。在酒桌上多磨叽一会儿，大家都能多喝几杯。

二是喝酒前要尽量多吃菜。空腹喝酒的危害大家都知道了，酒精经肠胃直接进入血液，让你很快就醉。要想醉得慢，多吃菜是酒桌上的必杀技。因为胃中的食物可以延缓酒精到达血液的时间。这里有一个问题，应该多吃哪些食物？豆制品、牛奶、肉类都是首选。

三是刚开始比别人少喝一点。现在拼酒的少了，喝快喝慢喝多喝少基本上可以自己掌控，所以刚开始不要太猛。这种细酒长流的做法能让你稳坐钓鱼台。刚开始比别人喝得少，等吃饱了，你就可以与“重要人物”抽炸（方言，一种渴酒风格），这种后发制人的酒客我还真见过不少。

四是不对味儿的酒千万别喝。你的肠胃适应不适应哪种酒一入口就知道。因为人的味蕾具有天生判别食物好坏的能力，不对味儿就别喝。市面上出售的商品酒中，特别是技艺不精、随意勾兑的酒，酒的酸酯很难达到平衡，因此上头很快。这种酒不喝就可以转喝别的红酒或啤酒。别人喝白酒你喝红酒、啤酒是不是更有优势？在东家没有准备别的酒时，你可以借故身体不适不饮或少饮为佳。

五是不混搭饮酒。以前我们宴请动不动就搞个“三中全会”“五中全会”。现在随着年龄的增长不再搞了，但有时混搭还是很常见的。其实混搭饮酒危害很大。说句难听的，这些酒很有可能会在你的胃里起化学反应，不醉得快才怪。

六是控制好自己的情绪。不拼酒，不当酒司令，不做酒桌英雄。在推杯换盏中做到得体就可以了。醉得快的人都是酒量大的或“逞能”的。你的酒量大或当个酒桌英雄并非会获得大家的尊敬，相反会让大家群而攻之：你酒量大嘛！理应多喝几杯。到了这步田地，你也许已经醉到云里雾里去了。

酒场礼仪

喝酒根据不同的场景，可分为朋友小聚、红白宴请、商务招待、政务招待、组织聚会等。这里只谈正规场合的酒桌礼仪。

一、提前准备

宴请的准备一般由东家负责，主要是明确宴请嘉宾，计划参加人数，明确具体时间、地点，提前通知。提前通知原则上不少于 1 天，较正规的宴请不得少于 3 天。大型宴请或高规格宴请需提前 7～10 天通知。

二、参加时间

参加人员接到邀请后需提前到达，不得迟到。

三、酒桌的座次

正规宴请的座次是极为讲究的。一般的星级以上的饭店在椅子和餐巾摆设方面都有体现。一般主陪在面对房门的位置（或是背靠墙、柜台的位置），副主陪在主陪的对面，1 号客人在主陪的右手，2 号客人在主陪的左手，3 号客人在副主陪的右手，4 号客人在副主陪的左手，其他可以随意。餐桌的位置基本就是这些，“主陪”“主宾”“副陪”“副主宾”这四个位置也基本是一样的。

四、斟酒

商务宴会时，斟酒的顺序也严格地按照“从高到低”的顺序。斟酒一般要从主宾位开始，再斟主人位，然后按顺时针斟酒。如在座有年长者，或远道而来的客人，应该先给他们斟酒。如不是这种情形，可按顺时针方向，依次斟酒，酒需斟满，但不要溢出来。

如果两人同时为一桌的客人斟酒，则一个从主宾开始，一个从副宾开始，按顺时针方向依次绕台进行。

斟酒的时机一般在宾客入座后，把酒斟入分酒器，同时为宾客斟入小杯中。

在宴会开始后，应在客人干杯后及时为客人添斟，每上一道新菜后同样需要添斟，客人杯中酒液不足时也要添斟。不过，当客人掩杯或者用手遮挡住杯口时，说明客人已不想喝酒，此时，则不应该再斟酒。

在接受斟酒时，特别是斟酒者为长辈、客人、主人时，应表达出足够的礼仪和感谢，可以向其回敬“叩指礼”。“叩指礼”是在现代商务宴请中一个常用的酒桌礼仪，方法是：把食指、中指并在一块，指头轻轻在桌上叩几下。

五、开场及敬酒

酒场开始，一般由主陪致开场辞。开场内容主要包括欢迎辞、明确喝酒规矩等。一般来说不同地区，开场的规矩是不同的，比如中原一带必须上四个菜才能开场。酒局上敬酒也主次分明，第一杯酒必须由主陪敬主宾，其他宾客切忌喧宾夺主。

一般宾客要是敬酒，需根据不同的人比如按照年龄大小、职位高低、宾主身份去判别，以免出现尴尬的场面。

参加宴请的人酒量有大有小，作为宴请方不可强求对方多饮，在劝酒时适可而止。

六、结束

酒局结束一般由主宾或主陪提出，其时机是食用主食之后。

酒　德

有人说“喝酒如做人，贵在一个真”，还有人说“酒品如人品”。这里单指通过饮酒可以判断一个人的品性。

据说国内某企业家就深谙此道：不会喝酒又爱逞能，三杯下肚烂醉如泥丑态百出的人，不用！能喝却装作不会喝，反而千方百计唆使别人喝酒的人，属阴险狡诈之徒，不用！会喝酒却有分寸，对别人不劝酒的人，可委以重任！这虽然是个段子，却很能说明喝酒与做人之间存在着一定的联系。

这里的酒德，我个人的理解是要体现一个“诚”字。主要包括以下两点：一是对自己要“诚”，要了解自己的酒量，能喝多少喝多少，不逞能，不拼酒。二是对他人要“诚”，不藏奸，不耍滑，要注意别人的感受。

现在酒桌上不乏酒量好、喝酒豪爽的人，我们说他酒德好，其实这是一种偏见。酒量大的人自然可以豪饮，那么酒量小的人如果与他对饮自然吃不消。现在经常听有些酒友埋怨，与某某不能再一起饮酒了，逢喝必醉。其实，问题的关键还是量力而行。如果因为自己的酒量大也逼着对方同干，那酒德何存？

酒德的另一方面的含义，我觉得还应体现一个“责”字。与别人喝酒，要关心别人的身体安全与健康。比如别人接下来要开车，或在服药期间，或患有高血压、脑梗、心脏病等就应该劝他禁酒。即使酒量大的人也应该适可而止，微醺而归。同桌的人喝多了，要把他安全交于家人。

自己平时喝酒也要适时适量，不能身系于酒，如果整天烂醉如泥，这种人实际上也是对家庭、对社会不负责任。

宋代朱肱著《酒经》，把饮酒之人分为三等九品，说上等为“雅”“清”，即嗜酒为雅事，饮而神志清明。中等为“俗”“浊”，即耽于酒而沉俗流，气味贫乏庸浊。下等是“恶”“污”，即酗酒无行，伤风败德，沉溺于恶秽。今天看来，朱肱对饮酒者的分类对我们仍有教育意义。

混搭饮酒

混搭饮酒一般是指在同一酒局内连续喝几种酒或者几种酒兑在一起喝。

比较典型的混搭是所谓的白酒、红酒、啤酒混搭。这种饮酒方式喝的是气氛，伤的是身体。连续喝几种酒，不知不觉就喝多了，喝醉了特别难受。

在这里我强调一种混搭，就是白酒的混搭，即在同一场酒中喝两种或两种以上的白酒，特别是在朋友聚会时，喝两种酒是很常见的。

但我的建议是：尽量只喝一种。

原因有二：

一是避免尴尬。朋友拿的酒中有好有坏，如果都喝了，通过对比，自见分晓，有的酒友会很没面子。

二是几个品牌的酒混喝更容易醉。因为每个酒在勾兑时都是色香味格的完美体现，其香味成分酸酯醛醇都达到相对平衡的状态。在喝几种酒的情况下，酒的相关成分将会重新组合，喝酒的体验就差很多。有时我们会感觉，喝某某酒时很好，再喝啥啥酒胃里就很闹腾，就是这个道理。

所以建议大家在参加各种酒局时尽量只喝一种酒，除非情况特殊，还是只选一种为好。

要喝酒，晚上约

在我国南方一些地方有喝早酒的习惯，但现在喝早酒的人大都是一些清闲的人。喝酒聊天，喝茶聊天，一顿早餐可以吃上几个小时。除此之外，鲜有人喝早酒，除非嗜酒成性的酒鬼。

出于应酬的需要，中午喝酒倒是常态，但中午喝了酒，肯定会影响下午工作。如果喝醉了肯定什么事就干不成了。

出于对工作、生活负责的态度，所以这酒还是建议大家晚上喝。

劳累了一天，喝酒是对辛苦后的奖赏。如果你有一位善解人意的妻子，知道你好这口，晚上餐前给你主动倒上一杯，这生活是不是更惬意了？

如果你有三五挚友，闲暇时聚在一起，开一瓶好酒，聊聊家常，谈谈人生，微醺而归，是不是人生的快乐？

晚上喝酒好处很多，诸如缓解疲劳、开胃消食、帮助睡眠……但最主要的还是喝得心安理得，即使喝多了也不会有太大负担。

据有关研究发现，人体的肝脏只有在下午（14点以后）对酒精的消解才能达到最佳状态。说了半天，这一点还是最重要的。

喝晚酒不仅是一种人生态度，更是对身体健康负责任的表现。

大家记住了，要喝酒，晚上约！

健康饮酒“六”字诀

出门聚会应酬难免要喝酒，喝多了肯定影响健康。我这里给大家提示几点，望与诸位酒友共勉！

1. 吃一点

喝酒前适当吃一点东西，切记空腹饮酒。空腹饮酒的危害很大，在以前的微博里我也多次提及。开始吃什么？这里也是有学问的。有人建议吃水果，我在这里不提倡，水果甜味、酸味重，会影响饮用白酒的口感体验。也不提倡吃过多面食，因为面食与消化酶结合后也产生甜味。建议吃点凉拌菜、卤肉拼盘、花生米等，也可以喝杯牛奶。喝什么酒吃什么菜是有讲究的。

2. 慢一点

现在很多酒局，刚开始就要喝几个酒，比如安徽三个，叫“酒过三巡”；山东六个，叫“六六大顺”。一阵“狂轰滥炸”，很快有人就受不了了。所以刚开始，一定要把握节奏，我们喝酒的目的是享受生活，联络感情，如果有人提前醉了，也会影响气氛。

3. 少一点

量力而行，不拼酒，这是喝酒的常态，根据每个人酒量，能喝多少喝多少。

4. 早一点

早一点，就是我提倡的参加任何聚会都不要迟到。如果你不是重量级的人物，你晚到了，酒局已经开始，你每人敬一杯酒或别人敬你一杯，你可能就受不了了。关键是在这种场合下，你吃的食物也少。

5. 单一点

只喝一种酒，不要混饮。有人动不动就“几中全会”，结果自己提前喝醉。

6. 好一点

喝好酒，杜绝劣质酒。什么是好酒，大家可以查查我对好酒的定义的相关文章。

解酒“妙方”对与错

一、吃药解酒

很多人在喝酒之前就会随身备着解酒药，认为醉酒的时候吃颗解酒药可以快速醒酒，尤其在年末的时候，很多药店的解酒药销量都是非常不错的。

虽然不少人喜欢吃药解酒，但是从医学角度来说，所谓的解酒药大都不是“药”！市面上出售的解酒药实际上都是保健品，大多是通过加快肝脏的代谢来降低转氨酶，从而达到解酒的功效，但是实际解酒功效非常有限。

不仅如此，有的解酒药里反而会添加一些利尿剂、兴奋剂之类的物质，可以让人快速清醒，但是这些物质反而会使人体的新陈代谢速度加快，促进酒精在人体的吸收和代谢，加大了酒精对人体的伤害。

二、喝茶解酒

很多人喝完酒之后觉得口干舌燥，这是因为酒精会加速人体水分的流失，这个时候人们通常选择喝茶，认为既可以解渴，又可以解酒，是一个两全的方法。

其实喝茶并不是一个解酒的好方法，甚至喝茶反而会加重醉酒症状，这是因为茶叶中所含的茶碱、咖啡因同样具有兴奋作用，这对醉酒人的心脏来说，等于火上浇油，反而加重了心脏负担。

醉酒后喝浓茶的话，茶叶中的茶碱等物质会迅速通过肾脏产生强烈的利尿作用，这样一来，人体内的酒精会在尚未被分解为二氧化碳和水时，过早的进入肾脏，对人体健康产生危害。

所以喝茶不仅不能解酒，反而对身体会有危害。

三、果糖解酒

专家认为含果糖多的饮品才真正解酒，目前的研究认为果糖在加速酒精在体内血液中的清除方面具有一定的作用。因此，如果已经喝醉，最方便而又最简单的办法就是喝些富含果糖的饮品。

蜂蜜水是首选，因为蜂蜜中含的大部分都是果糖；其次，可以喝柑橘、梨、苹果、西瓜等鲜榨果汁，或者来一杯柠檬茶，新鲜果汁有助于将酒精从体内迅速排出体外，如果没有蜂蜜水或鲜榨的果汁，喝碗糖水或是一些果汁饮品亦可。

喝完富含果糖的饮品，觉得逐渐清醒之后，有条件的人可以洗个热水澡促进血液循环，让酒精进一步蒸发，这样解酒不但效果更明显，而且不伤身。

四、牛奶解酒

在醉酒之后喝牛奶可以快速地解酒，因为酒里面主要化学成分是乙醇，而牛奶里面的主要成分是蛋白质。蛋白质在人体的某种酶的催化下可以与胃中和血液中的乙醇发生化学反应，生成尿素、水等物质排出体外而达到解酒的效果。

另外如果没有牛奶的话，酸奶也可以代替牛奶。这种解酒方法尤其是对那种酒精过敏，喝完酒之后全身瘙痒的人效果是最明显。

酒 驾

如果你对酒驾有深刻认识，以下内容可以略过。但据笔者了解，酒后开车的人还有很多。主要原因有两个：

一是侥幸心理作怪。总觉得交警查不到自己，其实交警即使查不到，别人有可能会找到你。比如一旦出现交通事故哪怕很小的交通事故，酒驾者就面临拘留、罚款、扣分的风险，且保险对酒驾者是不赔的。很多人出现了事故感到很后悔，要知如此，何必当初？

二是喝多了，心理上控制不住自己。这就非常可怕了。清醒的人都知道这不仅对自己不负责任，对别人对社会都有很大的危害性。所以现在对酒驾者出现的严重交通事故，同桌陪餐人员都承担连带责任。

根据国家的有关规定，车辆驾驶人员血液中的酒精含量大于或者等于 20mg/100ml、小于 80mg/100ml 的驾驶行为为饮酒驾车；酒精含量大于或者等于 80mg/100ml 的驾驶行为为醉酒驾车。

值得注意的是，虽然查酒驾的时间段通常为晚上，但现在很多地方早上也会查酒驾。早上搜查的通常是宿醉者，这也是正常现象，毕竟警方查处酒驾不是以驾驶员饮酒后和再次驾车间隔的时间长短为依据，有人建议驾驶员饮酒后至少要间隔 24 小时才能开车。

老人与酒

据我的了解，身边很多老人都喜欢喝酒，也许与我身处的农村环境有关。但农村的老人一定都喜欢喝酒吗？我觉得也不尽然，但中原一带的老人喜欢饮酒却是事实。

就六七十岁的老人来说，其经历的近几十年光阴正是中国快速发展的时代。这期间他们大多出去打工，也挣了不少钱，而今挣钱的事交给了一下代，自己赋闲在家，大多接送孩子上学。除了棋牌娱乐之外，喝酒也许是他们排遣寂寞最主要的方式。

对这些老人，身体不好，比如患有“三高”等疾病的人，当子女的最好还是劝其戒酒。如果身体正常，喝点酒也能为晚年生活带来快乐。

喜欢喝酒的老人一般都有几十年的酒龄，说“酒精考验”也不为过，随着年龄增长，味觉开始钝化，所以老人们更偏爱高度酒。

老年人喝酒至少有以下益处：

一是活血化瘀，活络筋骨，从中医的角度讲可以增加身体的阳气。

二是可以开胃消食。老人一般消化功能低下，禁忌寒凉食物，而饮酒可以助益消化。

三是可以排遣寂寞，为生活增加乐趣。

在这里提醒大家，让老人喝酒必须注意以下几点：

一是时刻观察或询问老人的身体状况，一旦发展健康异常，立刻停止喝酒。

二是饮必适量，不可过量饮酒。

三是尽量让老人喝好酒或高性价比的酒。如果经济条件允许，可以选择国内知名企业的中高端酒，如果不能承受，可以选择低价优质的小众酒，在本书中我也谈及这方面的内容，希望对大家有所启发。

酒是粮食精，越喝越年轻？

大家对这句话是再熟悉不过了，有没有道理？肯定有。比如少量饮酒可以活血化瘀、增进食欲等。可能很多人说这话是建立在喝好酒的基础上。什么是好酒？大家也许会说纯粮酿造酒。其实纯粮酿造酒中也有好坏。

作为消费者，排斥最多的就是酒精酒了。什么是酒精酒？一般是指新工艺白酒，新国标已把它列为调香白酒的范畴了。新工艺白酒在勾兑时会使用大量的食品添加剂。从调查看，大家对添加剂还是很排斥的。我这里要告诉大家的是我们的食品中有多少没有添加剂的呢？

我这里举几个例子。比如我们的食用酱油和醋，是最常用的调味品了。大家没事的时候可以看看它的标签，配料中一大串，太多了，让人感到很可怕。再看看我们身边的各种零食和饮料，标签上也是一大串。可怕吗？想想很可怕，其实大家都在食用。

这里有个问题，作为新工艺白酒，我们能不能喝？我的回答是能喝。有没有危害？我觉得只要在国家规定的安全使用范围内使用，基本没有危害。说的客观一点，添加剂成分危害仍没有酒精本身的危害大。

这里有一个最大的问题是添加剂的过量使用问题。如果过量使用，问题就比较可怕。所以我的建议是购买饮用新工艺白酒，最好购买正规厂家产品，最好选用大牌产品，相对来说要安全得多。

新工艺白酒没有错，错的是一些不负责任的厂家或者不法之徒提供了质量不合格的产品。

如果大家条件准许，可以购买相对贵一些的白酒，这种酒介于纯固态发酵白酒和调香酒之间，无论口感和体验相对要好一些。

作为收入较低的消费者，购买几百上千的白酒确实承受不了。那么精心挑选一些花钱不多拥有较高性价比的白酒还是可以实现的。

酒　具

记得在电视剧《笑傲江湖》中有这么一段：祖千秋对令狐冲道："你对酒具如此马虎，于饮酒之道，显是未明其中三昧。饮酒须得讲究酒具，喝什么酒，便用什么酒杯。"有关"喝什么酒要用什么酒杯"这个问题还是值得细细考究的。

大家比较熟悉的可能是喝红酒要用红酒杯了。红酒杯是一种透明的聚口杯，红酒注入酒杯，轻轻摇动，很容易让人嗅到红酒的芳香并看到红酒亮丽的颜色。其实喝白酒也是很有讲究的。比如茅台酒，其在售卖时都配有 10 毫升的小酒杯。这种小酒杯可以让人联想到酒很好很珍贵，必须细细品味，方得其妙。

现在喝酒比较正规一点的场合都配有分酒器，所置酒杯有大有小，一般都在 10～15 毫升左右。用这种酒具喝酒给人以仪式感，也能让人找到喝酒的乐趣。

在非正式场合，喝酒一般都不太讲究，各地风俗也差别很大。在安徽、河南等地的酒楼、排档，大家用一次性的塑料杯喝酒已是司空见惯。不过，塑料杯也有好坏之别。比较差的塑料杯不仅气味难闻，而且容易污染酒体，对人体造成危害。所以大家饮酒时尽量避免使用塑料杯。

其次，大家在饮酒时还应尽量避免使用纸杯。纸杯在印刷、淋膜时也会产生一定的气味，也会影响饮酒体验，质量不好的纸杯也会对酒体造成污染。

除了塑料杯、纸杯之外，还有一种由金属制品制作的酒杯，比如铝杯、铜杯、不锈钢杯等。由于酒中酸的含量较高，在一定程度上会腐蚀金属，长期使用也会对人体健康造成危害。

所以饮用酒具以玻璃杯和陶瓷杯为佳，尤其以玻璃杯最好，不建议使用塑料杯、纸杯和金属杯。

作为爱酒人士，在家中备有一套精致的酒具是一件快乐的事。精美的酒杯不仅有利于我们观察酒体的色泽，通过嗅闻的方式鉴别酒体的香气，更重要的是可以增进食欲。

如何选择过节酒?

每逢重要节日，大家少不了要买点酒招待客人。面对琳琅满目的白酒如何选？我谈谈自己的看法：

一是看品牌。要选择知名企业的品牌酒，比如茅台、五粮液、古井贡等。大企业的酒质量肯定过硬。

二是看品牌酒的主导产品。这点就有些难了。比如你知道某某酒是大牌企业产品，但又不知道质量如何？这时候就要看这个产品是不是主导产品了。比如古井有古井贡牌和古井牌，汾酒有汾牌和杏花村牌，如何选？这时候建议大家看广告，特别是要看权威媒体广告。在权威媒体投放广告最多的产品通常就是主导产品，主导产品是凝聚一个企业核心竞争力的产品，除此之外的附属产品就要花费心思谨慎挑选了。现在知名企业为了满足不同层次消费者的需求，往往会开发不同系列的产品。其中一些品类促销力度很大，时时让你感到占了便宜，这样的酒还是多打个问号。

三是选择主流产品。当一些品牌的主导产品价格很高，超过了普通老百姓的消费能力，那就退而求其次，选择当地市场的主流产品吧。比如茅台、五粮液等价格都太高了，剑南春也不便宜，这时候要看当地市场的主流产品是什么，如果大家都喝古井贡酒年份 5 年，你就买古井贡酒年份 5 年，如果大家都喝口子 20

年，你就买口子20年，保准错不了。

四是可以适当考虑小众品牌。特别是身边酒友推荐产品。白酒市场碎片化趋势非常明显，白酒爱好者往往不拘泥于市场畅销的白酒，善于发掘小众白酒的独特性表达。大家不妨问问看吧！

白酒饮用的温度

炎热的夏季我们该如何喝酒？

大家都知道，天热的时候喝啤酒可以冰一冰，温度降至 4～5℃左右口感冰爽舒适。要是喝白酒呢？白酒是不是也有最佳饮用温度呢？答案是肯定的。

在夏天经常有酒友说某某酒味道变差了，其实主要是温度升高造成的。白酒的饮用温度一般在摄氏 18～25℃左右，如果温度过低或过高对酒的饮用体验都会造成不良影响。

一般来说，酒温过低比如在冬天只有几摄氏度左右，会不同程度影响酒的放香，冰冷的酒液刺激味蕾，会使口腔产生麻或痛的感觉，影响品酒体验。所以在冬天对温度较低的白酒适当加一加温是有必要的。

我国自古以来就有温酒的习惯，“宿火时温酒，敲冰自煮茶”“温酒正思敲石火，偶逢寒烬得倾杯”，这些诗句都是对温酒的描述。但现在的温酒与古代的温酒还是有区别的。以前的酒度低，口感单一，像现在的黄酒温度高些不会影响酒的口感，反而喝起来会更加舒适。如果是白酒，温度过高可能就不一样了。

现在家家户户都有私家车，车内特别是后备厢里放点白酒也是很正常的事。但在炎热的夏季把酒放在后备箱里却不是好主意。

夏季后备厢放酒无疑会使酒的温度大幅度升高，有时甚至高达摄氏五六十度。对于酒温五六十度的白酒，我们饮用起来什么感觉？别说是酒，即使是白开水在其 60℃的时候我们喝起来什么感觉？肯定是火辣辣的感觉。不仅如此，高温还促使酒精和部分香味物质过度蒸发，打破了白酒固有成分的平衡，所以在高温下白酒变得非常难喝。

在夏天喝白酒适当降温是非常有必要的。

以前在白酒营销上经常听说一个词，叫作“后备厢战略”。什么意思？就是说某个品牌的酒，只要占有有车一族的后备厢，就是成功占有了市场。想想不乏道理。但在炎热的夏季，在后备厢还是少放酒为佳。

酒的保健作用

适量饮酒，有益健康。这句话早已深入人心。但你能说出喝酒对人们的好处表现在哪里吗?

古人说“酒为百药之长”。中医学认为：酒，乃水谷之气，味辛、甘，性大热，气味香醇，入心、肝二经，能升能散，宜引药势，且活血通络、祛风散寒，有健脾胃、消冷积、矫臭矫味之功。不仅如此，酒制中药也是根据医疗、调剂、制剂需要而立的炮制方法之一，对改善药性能起到很大的作用。现代医学也认为：酒能扩张血管，增加脑血流量，刺激中枢神经系统、血液循环系统、消化系统等。由此可见酒的医药作用十分强大。

但酒喝多了，同样会对身体造成伤害。中国工程院院士孙宝国在解读中国的酒文化时，其中提到了汉字“酗”字和“醉”字，充分说明了古人对此也有深刻的认识。酒多必凶，酒醉甚至会导致死亡。中酒协在进行白酒消费科普培训时一再强调“适度饮酒，快乐生活”就是这个道理。

围绕酒的保健作用，近几年让白酒界感到兴奋的事件是江南大学副校长博士生导师徐岩的团队从白酒中发现了萜烯类、酚类化合物，这些成分对癌症有明显的抑制作用。

随着人们对身体健康的重视，各大酒企也在加大自产白酒有益健康方面的推广和宣传，特别是围绕着不同香型，产生了各抒己见、众说纷纭的现象。茅台酒厂原董事长季克良对酱香型的保健作用做了很多的宣传工作。据说其身边的几位朋友因常喝茅台竟然消除了幽门螺旋杆菌，当然这还需要进一步地研究论证。汾酒因采用地缸发酵，一直被认为是最洁净的白酒，在产品安全理化指标控制上一直走在白酒界的前列。

不管哪种酒更保健，但喝多了肯定适得其反。只要我们坚持“适度饮酒”原则，正确认识自己的身体状况及饮酒禁忌，我们就会做到健康饮酒。

美食与美酒

在酒圈里有一句话叫“美美与共”，意思是说美酒与美食同根同源，同时消费美酒与美食也是人生乐事。白酒的烈性特征，决定了它在绝大多数情况下要佐餐饮用。所以喝什么酒吃什么菜或者吃什么菜喝什么酒都是有讲究的。

大家可能听说过“侍酒师”这个职业，其主要职责是负责高档宾馆、餐厅的菜单的设计和酒水选择，美食与美酒的搭配精致入微，让人在感观和精神上都非常享受。比如在法国饮用葡萄酒，一般要先白后红，先干后甜，先淡后浓，先新后陈。

目前在国内，除非特别高档的酒店、餐厅，一般不会如此讲究，但适当注意菜品与酒品的搭配以及不同酒类的饮用顺序还是有必要的。比如我们在日常就餐时先喝白酒，然后再喝啤酒是完全可以接受的；但如果反过来在生理上就受不了。

美食与美酒的制作过程还是存在区别的。一提到制作，可能有人立马就说白酒靠酿造，美食靠烹饪。事实如此，但还没有抓住本质。

我觉得最大的不同，就是美酒的生态性，而美食却不是。美酒是不需要添加剂的，但美食离开佐料、鸡精等调料就很难出味。

有人问了，市场上很多酒不是也添加香精香料吗？但严格来说，添加了香料的酒就不是好酒了。使用香精香料勾调的酒，无论勾兑师的技术如何高深，都很难达到生态酿造酒的风味。

2022年6月份，国家进一步加强了白酒固态法、固液法、液态法等相关监管。这说明固态法白酒的质量远远高于其他两种新工艺白酒，固态法是美酒产生的基础。这也是当前白酒市场酿造酒逐渐回归的主要原因。

白酒收藏

近多年来，白酒收藏一直比较火热。其根本原因主要有两个：一是名白酒收藏增值潜力巨大。一瓶几十年酒龄的茅台可以拍到几十万元甚至几百万元。二是“酒是陈的香”观念根植人心，品质之上，唯有老酒。朋友聚会，开一瓶老酒，也是一件很惬意的事。

白酒收藏要注意以下几点：

一是要选择名酒进行收藏。比如以前我提到的全国几届评酒会入选的产品，那个年代的产品我们已经很少见了，即使能买到也价格不菲。

随着企业的发展，很多企业产品升级很快，以前入围获奖的产品有很多已被市场淘汰。所以现在进行名酒收藏，要选择市场上的主流次高端和高端产品进行收藏。比如茅台、五粮液、水井坊、国窖 1573、剑南春、古 20、洋河梦系列等。这些产品不仅可以增值，也是质量的最好保证，陈年酒也会有更好的口感。

如果仅仅是为了获得更好的口感，那么收藏酒就不需要太注重品牌，选择一些品质好的酒就可以。

二是要注意保证产品包装的完整性。如果产品的包装及产品标签出现破损，这样的酒除了饮用之外，就没有多少市场价值了。

三要注重贮存条件。收藏白酒的贮存条件非常重要。按照国家的标准规定，白酒贮存时应放在阴凉、通风、干燥处保存，这是基本要求，且忌不能把酒放在潮湿的地窖里或与其他杂物堆放在一起。这种环境不仅破坏产品的包装，而且也容易造成酒体污染。

四是要尽量选择高度酒收藏。现在业界对收藏白酒的度数有些分歧，有的人认为不管度数高低，只要放的时间长，酒的质量会越来越好。但根据我的经验，高度酒随着时间的延长，会带来更好的风味体验。

天　价　酒

记得前年去贵州省遵义市茅台镇，晚上宿在一家宾馆里。宾馆一楼就是酱香散酒的专卖店。出门随便逛了逛，竟然发现标价 3000 元一斤的散酒。在茅台镇如果买散酒一两百元一斤是很正常的事，但要是高到比飞天茅台还贵，倒是能引起不少人的注意。

我对服务员说："能尝一下吗？"服务员说："可以。"服务员就拿了一个大塑料杯子，用提子打了半杯递给我。我开玩笑地说："这半杯喝下去就是 1000 块啊！"服务员说："没事，随便喝。"我品尝少许，感觉并不像很好的酒。

后来想想这件事，店家多少有些欺客之嫌。为什么这么说呢？首先，我觉得作为这么贵的酒，如果让客人品尝的话是要有点仪式感的，比如用喝茅台酒所用的品酒杯，倒上半杯，以显尊贵。其次，这个酒盛酒的坛也要与一般的酒坛分开，不能与几十元的酒混在一起，让人感觉这个酒非同一般。好在我品酒无数，能够发现其中深浅。

与我的经历相比，我听说的一位客户就没有那么幸运了。

据说这位客户初来某小镇，找到了一家小酒厂，问有没有好一点的原酒，老板说有啊！刚开始老板拿了他烧的压池子酒给他报价 200 元，对方尝后感觉不错。后来又问有没有更好的？老板说有，又拿了压池子的池底给他尝并报价 400

元。结果对方还是要更好的，老板又拿了厂里放的压池子陈酒给他尝。对方问多少钱一斤，老板心想他也只是想尝尝酒，就随便说2000元，结果对方很爽快地说要10斤。就这样10斤酒2万元的价格给卖出去了。

如果站在业内人士的角度看，这种酒是价格太高了，但如果从消费者的角度看，也许并非天价，与2000元一瓶的茅台相比，其实质量上并无大的差别。现在很多人愿意为自己喜欢的商品天价买单，这也是个性使然吧！

酒之魅，女人之美

如果把酒比作美女，那么不同的酒就如不同的美女，拥有不同的风韵和性格。

五粮液：系出名门，气质高雅、雍容华贵，摄人心魄。

剑南春：浓妆艳抹，不失优雅，沿袭了大唐盛世的香艳之美。

茅台酒：香气袭人，内韵十足，优雅细腻，魅力四射，让人回味无穷。

汾酒：清雅秀美，芬芳四溢，如亭亭少女，超凡脱俗，出淤泥而不染。

泸州老窖：如大家闺秀，风姿优美，温柔可爱。

古井贡：气韵生动，风格优美，大气端庄。

女人之美不仅在于外表之美，更在于气质之美，品质之美、个性之美。酒也是如此。

同样是酒，看似包装华丽，清澈无比，但一品尝杂味丛生，让你避之不及，此为虚假之酒。

同样是酒，美艳芬芳，绵柔温情，多饮几杯，缩醉头痛，让你几天无法释怀。此为缺陷之酒。

同样是酒，初饮如烈火，细品满口生香，丰满馥郁，让人回味无穷，三日不见，如隔三秋。此为个性之酒。

同样是酒，口感自然，平淡无奇，可近可疏，小饮成趣，抽炸成欢，此为大众之酒。

大千世界，美酒如云，不知哪一位才是你苦苦寻找的“佳丽”，我只能说适合的就是最好的。雍容华贵、气质高雅者你攀附不起，门当户对找寻个小家碧玉也不错。

爱这口，不需要理由，只因为适合与喜欢。

爱酒之人

朋友爱酒，饮少辄醉。总是听人说，不能喝还天天喝。其实一个人爱不爱喝酒与酒量无关，关键在于一个“爱”字。

爱酒之人注重酒品。酒品即酒的品质，色、香、味、格，一个也不能少。好酒如一个楚楚动人的女子，光彩照人，魅力四射，让男人追慕不已。一款好酒不仅仅在于华丽的外表，更要有内在的品质。瓶盖一开，芳香四溢，众人皆惊。

爱酒之人惜酒。好酒取五谷精华，以水为血，以曲为骨，以粮为肉，以窖为魂，历经岁月历练，方得自然完美。想一想，一杯酒，凝聚了多少人的心血和汗水，方得摆在我们的面前。所以爱酒之人绝非嗜酒者的胡喝海喝、酩酊大醉，而是微醺即止，享受美酒带来的忘我与愉悦。

爱酒之人藏酒。爱酒之人藏酒不是为了投资和升值，而是因爱酒萌生的那份占有欲。爱酒之人对某些酒舍不得喝，绝不是因为酒贵，而是因为它的稀缺。即使说他是金屋藏娇也不为过。

有人说，他喜欢美酒入口时满口生香、略带刺激的感觉。

有人说，他喜欢饮至微醉时的那种放松与自然。

还有人说，他喜欢朋友在一起时那种吆五和六的气氛和快乐。

其实，对于爱酒之人，独酌也是一种快乐，独酌也能一醉方休。

我的喝酒

记得小时候，邻家摆席，对酒一无所知的我，在大人们的哄劝下喝了三杯酒后，踉踉跄跄回家，一头栽到堂屋的门槛上。母亲见状吓得不知所措，竟大哭起来。后来，围观的人说我喝醉了，此事才罢。这是我对喝酒最初的记忆。

在我上中学时，我的两个姐姐已经出嫁，当时大姐夫在古井酒厂担任分厂厂长，二姐夫担任车间主任。他们凡来我家，饭间谈的大都是酒的话题，什么老五甑、大楂二楂、打量水、酒醅的酸度、水分等等，这些概念我一窍不通，自然不感兴趣。大姐夫几乎不喝酒，二姐夫酒量大，我因小时候的教训，滴酒不沾，所以只要和他们一起吃饭，我只负责斟酒。往往话没说完，一瓶古井贡就喝完了。

上大学时，男同学们几乎都喝啤酒，凡有聚会必畅饮，在同学们的带动下，我也开始喝起来。自那以后，酒改变了我的认知，原来喝酒能给人带来那么多的快乐。

毕业那年，系里举行送别宴会。记得当时桌上摆了好几种酒，有白酒、啤酒还有红酒，大家各取所需，觥筹交错，推杯换盏，或叙同窗之情，或解不快之结，或惜离别之痛。这一切似乎都含在酒里。最终的结果是大家一个个相拥而泣，抱头痛哭。酒作为情感的催化剂在这种场面表现得淋漓尽致。

毕业后，我被分到古井酒厂。记得有一次双沟酒厂的书记一行来访，时任办公室主任的张宗义让我作陪。迫于场面的需要，我喝了足足有 1 斤半白酒。那一次我怎么回家的也记不清了，第二天醒来，脸上却起了一个大大的包，痛不堪言。无数次的醉酒之后让我对喝酒多了几分无奈。

后来，随着工作的需要，我熟悉了更多的酒，经历了更多的酒局，大多是礼仪性的，喝什么，如何喝都得按规矩来。在这么多的酒局当中，只有同学、朋友聚会相对轻松，没那么多规矩，只是喝酒。但喝多了仍是难受。酒这东西，想说爱你还真的爱不起来。

从古井离职后，我接触了更多的酒。酒的魅力不仅体现在酒本身，更体现在社会赋予它的功能和价值。前文也提到过，古人当初酿酒主要作祭祀之用，后来才作为达官贵人消费取乐的工具。但酒作为祭品一直延续至今。

酒与人们的日常生活密不可分已成为不争的事实。凡商务、政务、朋友之间的迎来送往，以及大大小小的红白喜事，什么结婚宴、回门宴、满月宴、庆生宴、祝寿宴、谢师宴、生学宴，等等，都离不开酒。对于爱酒人士，在家自斟自酌也是常态。但凡有人的地方就有江湖，有江湖的地方就有美酒就是此理。

我把饮酒分为交际性饮酒和非交际性饮酒两种。

随着年龄的增长和职业的需要，对于交际性饮酒我是越来越少了。主要是怕。一是怕猛喝海喝，自伤健康；二是怕喝酒误事，愧对他人。对于非交际性饮酒却是常态，有时每天要品几十种酒，略微咽一点，也能微醺。

职业性的饮酒是一种累活，整天面对酸甜苦辣涩，五味杂陈的酒，每天想到的是义务和责任，即使微醺也难生情怀。

与酒结缘，与其说是爱好，还不如说是环境使然。一方水土养一方人，在古井这个酿酒小镇，对酒的事业孜孜以求的不乏其人。吾本草根，但愿以我之努力，为大家奉上一杯好酒，此生也是幸事！

论 酒 篇

厚德载酒

酒是上帝赐给人类的礼物。“禀天地之灵气，承五谷之精华，凝酿造者之心血，酿得人间琼浆，以成人类之欢”。这是对酒最好的解读。

所以酿酒是一个很神圣的职业。近几年来，各大酒企举办活动，搞封藏祭祀大典，祭祀酒神。这种仪式感，充分体现了人们对酿酒这一人类活动的尊重，人神共酿，厚德载酒。

相反一些企业或商贩为牟取暴利制假、掺假，贩假、以次充好，有的人甚至拿工业酒精勾兑白酒，严重违背酒德。以下是我搜集的国内有名的白酒制假事件：

1998 年春节期间，山西朔州地区发生特大毒酒事件，不法分子用含有大量甲醇的工业酒精，制造成白酒出售，最终造成 20 多人致死、数百人被送进医院抢救。六名造假者被判处死刑。

2004 年 1 月中旬，广西全州籍男子李久清私自使用工业酒精勾兑出名为“纯桂林米酒”的假酒出售，导致 4 人死亡、5 人轻微伤。李久清在事发后，潜逃到浙江省，于 2005 年 5 月 1 日被公安人员抓获归案。

2004 年 5 月 11 日，广州市白云区钟落潭发生两起因饮用甲醇超标的散装白酒中毒事件，共计导致造成 14 人死亡、10 人重伤、15 人轻伤、16 人轻微伤的特别严重危害后果。

2017 年 11 月 24 日凌晨 2 时 39 分，广东省食品药品监管局接到河源市食药监局电话报告，称 11 月 20 日至 24 日，先后有多人在河源市“MUSE”酒吧饮酒后出现身体不适等症状。最后统计得知，此次假酒事件引发不适的患者共计 22 人，其中 ICU 收治患者 4 名，1 人死亡，另外 2 名处于植物人状态，其余人皆处于不同程度的昏迷、身体不适等情况。涉案酒吧已被查封。

上述案例让人警醒。现在用工业酒精勾兑白酒的现象已经被杜绝了，并且在白酒质量检测时又加入了对甲醇含量的限制，以浓香型为例，每升甲醇含量必须在 0.6 克以下，超标了就不能销售。然而市场上的以次充好、高仿酒等现象仍屡禁不绝。在糖酒会上偷偷塞名片销售高仿酒的人还十分猖獗。

上述现象属于严重违法的范畴。下面我介绍一种现象，不违法，却有悖道德正义，这也是白酒界普遍存在的营销误导行为。举两个例子：

现象一：你说原浆是好酒吗？有人说当然是好酒了。某某大企业不也在生产原浆酒吗？那好，你大企业可以生产，我也可以生产。一时间原浆满天飞，你 100 元一瓶，我 100 元一件（6 瓶），前几年市场上特别流行的百元大钞换酒活动曾风靡全国，有的厂家搞活动，每天可以卖上万件。单件利润不高，数量多了利润却十分丰厚。

现象二：你说发黄的酒是好酒吗？有人说当然是好酒。有些陈酒不是黄色的吗？那好，我就给你点颜色看看。

上述现象就是营销误导，说白了就是迎合消费者的错误认知。你说酒是陈的香，我就给你搞个十年、三十年，甚至五十年。你说挂杯的酒好，我就给你拉酒线。你喜欢喝原酒，我就把标签换成“原酒”。真真假假，消费者常常一头雾水。营销误导的实质就是厂家与消费者的认知不对称。

撇开上述现象不说，单从酿造这个角度来讲，也需要各个企业以德为先，师法自然，精细操作，提高质量，实实在在酿造一杯好酒呈现给我们的客户及消费者。

我一直坚信中小白酒企业要想生存与发展，必须以德载酒，以德治企，老老实实烧好酒，比别人做得好一点，就有了市场竞争力。

近几年来，受知名企业的市场挤压，中小白酒企业生存相当困难，这种状况似乎成了一些企业铤而走险的理由。大家可能没有忘记，2019 年进入冬季，突然整个白酒界中小企业的定制酒业务火起来了，让很多老板惊慌失措。这一现象说明，企业再小，不是没有机会。但在机会来临之前，我们必须做好准备。

定制酒的兴起，打破了长期以来以模仿、低价而形成的市场竞争格局。消费者趋于理性，对低价模仿产品产生抵触情绪。经销商经营困难，不得不采用定制的方式求得生存。

市场不会欺骗任何人。作为企业，不论大小，只要心中装着消费者，老老实实酿好酒，讲好自己的品牌故事，就不怕没有机会。

迭代中的酒

2019年，普通五粮液已经出了第八代了。一个产品如果能够在传承中不断创新发展，确实是一件大好事。现在很多企业通过开发新产品或生产升级版来增加企业的新品线，像五粮液这样始终如一，在迭代中发展的企业还真不多。

其一，迭代是一种传承。单就产品而言，味道可以越来越好，但风格基本不变。拿人做比较：人还是那个人，只是文化素养和气质变得越来越好了。随着经济的发展和时代的变迁，人们对同一款产品的口感要求也会发生变化，迎合市场需求是必然选择。

其二，迭代体现了一种匠心文化。始终如一，追求卓越，这是企业的匠心精神所在。没有匠心就没有传承与创新。

其三，迭代进一步提升了品牌的附加值。迭代产品是品牌的坚守与产品品质的延伸，品牌的含金量进一步提高。迭代产品是一种企业战略。五粮液的做法对业内企业是有启示意义的。

与五粮液等大企业不同的是，市场上还存在着数以万计的中小企业，其中不少企业还是老老实实坚守自己的传统工艺，不掺假，不坑蒙欺骗，一路走过来，企业没有大的发展，但也能养家糊口，稍好一点的也能福及子孙。

这种企业在产品品质上没有创新能力，但品牌众多，杂乱无章，有的一家销售额不到千万的小厂，产品品种竟然高达近百个。他们典型特点就是模仿，质量上无法比肩大企业产品，就在包装上向大企业靠拢，在市场上打价格战。

从现状看这种企业的生存空间越来越小，有的甚至濒临倒闭的边缘。这些企业在未来必须树立品牌意识，讲好品牌故事，坚持品质升级，摒弃大而全，塑造小而美的产品格局，在未来的市场中才能形成独特的竞争力。

好酒的三个维度

一杯好酒必须具备三个维度，即生产的宽度、技艺的高度，时间的长度，三者缺一不可。

一、生产的宽度

先从原料上讲，好酒的酿造必须在选粮上下功夫，比如高粱，东北高粱比进口高粱淀粉含量要高，出酒率高，其他粮食在选择上也要注重地域因素。现在是讲究香型融合的时代，一个厂的基酒可以在四川生产，但调味酒可以放在贵州生产。所以好的酒在资源上讲究整合，这也是产品创新的一种路径。

有人说，某某品牌是贴牌酒，怎么会生产出好酒。这种观点已经过时了。因为一家企业只注重自身条件，其生产的酒自然有很多的局限。不能眼睛向外去捕获优质资源，其产品质量很难提高。在中国，企业如此，甚至一个产区也是如此。要提高产区的竞争力，我们就要向全国优势的产区学习。

二、技艺的高度

现在绝大部分企业在酿酒时执行的是传统工艺，似乎不是传统的就不好，就没有卖点，其实酿酒更是一门科学。提高产品质量必须遵行科学的方法，除此之外别无他径。

我前文提到《红高粱》中的罗汉大哥，他就是我们现在说的“总工”吧，烧了一辈子酒，没有酿出一杯好酒。墨守成规，拘泥于古法，自然没有进步。现在大企业都在不断引进各类科研技术人才，如果我们还在坚守古法酿造，又与罗汉大哥有什么区别呢？

三、时间的长度

好酒需要时间。不仅酿造需要时间，贮存更需要时间。好酒是时间的积淀，是时间绽放的花朵。就白酒生产来说，生产的时间越短，质量越差。比如发酵30天的酒、发酵60天的酒与发酵90天的酒其质量绝对差别很大。

现在大家都在炒作年份酒的概念，实际上还是时间的问题。品质之上，唯有老酒。老酒是时间积累的结果。

短期内想生产好酒有没有捷径可走？有，那就是整合外部资源。说实在话，代价很高。比如你要买存放10年以上的好酱酒，没有200元以上恐怕买不来吧。

从整个生产流程来讲，好酒的生产是一个漫长的过程。从酿造、贮存、选酒、勾调、再修饰，过程很复杂。而调香白酒，从准备酒精、水到添加香精香料勾兑好，半天工夫就可以生产出来。

所以，好酒都蕴含着上述三个维度。好酒的贵也是有章可循的。有人说，三斤粮食一斤酒，酒的成本不就是10元左右吗？那是你对酒的理解太过片面了。好酒真的不便宜。真的！

勾兑师的尴尬

吃过午饭，正想小憩，见一酒厂的老板火急火燎地跑过来，说客户突然来访，对之前的酒样不太满意，必须提供更好的产品才能拿下这个大单。只见他手里拎着一堆原酒小样，请我帮忙勾兑。我凭经验迅速把小样调好，他就拿着小样急急地走了。

过一个时辰，他领着客户又过来了。客户拿着一瓶他十分满意的酒让我尝，我打开瓶盖，咂了咂嘴，冲辣刺激。我说这酒好吗？他说好。说实在话，从专业的角度，我调制的小样从色、香、味各个方面评比都更胜一筹。

其实对于勾兑的事我一向遵循市场趋势，口味偏绵柔适口而尽量减轻它的刺激性。我做的没错，但从某种意义上讲我又错了。因为我忽视了客户的个性化需求。

中国地域广阔，各个地方对酒的感觉要求差距很大。比方说山东大部分地区习惯喝低度酒，讲究柔顺爽口，而河南大部分地区却喜欢醇厚香浓，即使刺激点也能适应。西北偏清香，中原偏浓香，西南偏酱香，而南方广西、云南等地偏米香。所以作为一名勾兑师，在一贯迎合市场的同时，也要考虑地域及客户的需求差异。

通过这件事，我想了很多。同样是一款酒，不同的人感觉差别太大了。前文中我也提到过，同一款酒在不同温度下品尝口感会有差异，而同一款酒即使在同一温度下由不同的人品尝，大家的感觉也会有所不同。勾兑师专业的口感标准未必适应每个人。解决这一问题的最好办法，就是照顾大多数，只要大部分人表示认可就算 OK。现在稍微大一点的企业，在产品研发阶段都会依据市场需求，对产品小样由所谓的“评委会”反复尝评打分，其结果未必是百分之百的认同，也只能精益求精，尽量满足市场的需求就可以了。

所以勾兑师不仅精于技术，更要熟悉市场。只有这样才能成为一名合格的勾兑师。

企业的责任

现在国家为中小企业提供了很好的发展平台，比如贷款支持和税收减免等，最近已取消白酒行业生产许可证审批的限制，这无疑对白酒行业发展是一个重大利好。但反过来说，物竞天择，优胜劣汰，也会有一部分企业不能适应新的环境、不能诚信经营而被市场无情抛弃。

随着社会的发展，特别是网络技术和人工智能技术的发展，使我们的信息更为透明，个人的不良行为将无处遁形。作为人，其最大的资源将是个人的信用和能力价值。所以作为企业老板不可再短视了。我觉得未来几年，酒企老板必须做好以下几点，方能在未来的发展中立于不败之地。

一是对国家与社会要有高度责任感。要多做贡献，少索取。先予后取，这是生存法则。比如对待环保，不能含糊，必须严格治理。对环境负责，对民生负责，这是企业发展的前提。新建企业如考虑不到这一点还是早点收手为好。

二是要诚信经营。诚实守信、老老实实地做好酒，与合伙人、上下游客户合作要有双赢或多赢的思维，不能不守信誉，以次充好，甚至骗物骗财。

三是要有全局意识。要注意维护当地政府及产区的形象，同行之间不搞恶性竞争，不相互杀价。销售业务人员也要遵守职业道德，不争抢客户、不欺骗客户。现在仍不时地出现一些业务人员到宾馆甚至别的厂家大门口向客户发名片的现象。其实这种做法只能引起客户的反感，对于有实力的客户是不接受这样的业务员的。企业要做的是筑巢引凤，而不是虎口夺食。

四是要多学习。要转变思想，更新观念，与时俱进。要钻研酿酒技术和勾兑技术，只有把产品做好了，企业发展才有希望。现在很多企业都是家族式企业，适当的情况下引进外部人才还是有必要的。

论白酒饮用安全的四个维度

白酒饮用安全属于食品安全的范畴。按照食品安全的相关定义，一般包括两个层次：一是指一个国家和社会的食物保障，即是否有足够的食品供应；二是指食品中有毒、有害物质对人体健康影响的公共卫生问题。近多年来，中国的白酒业取得了空前的发展，每年的产量均在1000万千升左右，市场明显处于供大于求的状态，所以现在和将来不会出现供应不足的问题。本文主要论述白酒饮用对人体的健康及其影响。

据资料显示，目前全国白酒厂家共18000多家，其中大型企业仅占10.39%，仅有1800多家，而近90%企业为中小企业。另外还存在难以统计的小作坊企业，比如四川、重庆、山西等地，当地老百姓流行喝清香型酒。小曲清香酒的酿造工艺简单灵活，所以小作坊非常多。

中国酒业的发展不平衡性以及中国各区域、各收入阶层对白酒的消费需求不同，也给有关部门对白酒饮安全的监督与管理带来一系列问题。下面我从四个方面来谈谈白酒饮用安全需要注意的一系列问题。

一、安全产品提供者——企业

企业是白酒产品的生产者和提供者。从全国范围看，白酒的生产厂家主要包括以下几种类型：

一是面向企业的原酒供应商，主要向下游厂家提供原酒。目前在四川、安徽、山西、江苏等地，这样的企业不在少数，原酒大流通一度成为业内共识。

二是成品酒提供商。这类企业自产原酒也可以自己不生产而外购原酒，但最终以成品酒给供市场。

三是面向消费者的原酒或散酒销售商，主要以连锁经营或小作坊式生产的形式直接向消费者销售原酒或散酒。

由此可见，中国的白酒生产者规模大小不一，经营方式多种多样，当然效益状况也参差不齐。作为白酒生产企业要做到饮用酒安全需要做到以下几个方面：

一是强化安全产品意识，把好生产质量关。大家都知道，酿酒的主要原料是粮食，那么对粮食的管理就非常重要。比如粮食是否具有农药残留，是否霉变，重金属是否超标等。原辅材料不合格最终导致原酒质量不合格。

除此之外，酿酒过程中的环境管理（周边是否有污染源等），企业员工的品德、身体健康及责任心（比如生产过程的投毒事件、传染病等），场地卫生，发酵条件等等，使产品质量都存在一定的安全隐患，都需要我们给予足够重视。

二是迎合市场需求，守住质量底线。现在市场的需求千变万化，不管是下游生产企业，还是普通消费者，对供应商提供的产品无论在感观上还是在理化指标上都会提出一系列的要求。作为生产企业就不能一味地追求销售目标而忽视产品质量安全问题。

比如浓香型酒生产企业对己酸乙酯的含量都有具体要求，那么他们出于企业利益考虑就存在着非法添加的问题，显然与国家的规定不符。

再比如，现在很多地方流行绵柔型产品，那么一些添加剂的使用无疑会改善酒体，如果超越国家的管理规定和标准，非法添加或超量使用，无疑会对人们的身体健康造成危害。

所以作为企业必须做到合法经营、诚信经营。

三是担负社会责任，加强消费者消费模式及场景研究，积极进行产品创新。随着经济的发展、社会的进步和人们生活水平的提高，人们对白酒质量也提出了新的要求。比如目前比较流行的对低醉酒度的开发和研究就非常值得提倡。低醉酒度酒的要求是，消费者饮用后，口不干、头不疼，醉酒慢，醒酒快，不会给人们的身体健康带来过多的负面反应。

产品创新对企业开拓市场，形成自己的品牌优势将发挥着非常重要的作用。

二、安全产品购买者——销售商

1. 诚信经营，对上游企业的经营行为及产品进行监督

俗话说：无商不奸。其实这是对商人的狭隘认识。市场经济发展到今天，诚信经营已成为商家的制胜法宝。但商人必须逐利，因为商人要生存、要发展。这就要求我们的中间商正确处理好利润与诚信、短期利益与长期利益的关系。

记得在某一年的糖酒会上，一位商人对我说：把包装做好一点，酒质再降降，价格再便宜一些，这显然是有失诚信的行为。

我们今天谈饮酒安全，其实做到诚实守信是根本问题，只有做到这一点我们才能对消费者负责。

不仅如此，我们的经销商还应该对企业的经营行为进行监督。经销商与企业是利益共同体，企业如果在食品安全方面存在问题，那么最终通过经销商转嫁到消费者身上。一旦出现食品安全问题，经销商与企业都须共同追责，对此我们应有清醒认识。

2. 积极引导消费者安全饮酒，而不是误导消费者

白酒是一种嗜好性产品，各地的消费习惯也不同。多饮无益，少饮健康，已成为人们的共识，但囿于消费习惯的影响，海量喝酒的现象还十分普遍。

作为最接地气、最了解市场的经销商应肩负起引导消费者安全饮酒的重任，在宣传上要树立正确的舆论导向，教育消费者在饮酒方面遵守国家的法律法规、养成良好的消费习惯，特别是在宣传上不能误导消费者。

三、安全产品消费者——个人及团体

随着消费者文化素质的提高，如何对待饮酒以及安全健康饮酒应该成为广大消费者的必修课。中国酒协推出了普及饮酒知识的 3C 计划，对提高广大消费者的饮酒知识起到了很好的宣传作用。作为普通消费者，在安全饮酒方面，我觉得

要做到以下几点：

一是学点饮酒知识，能够明辨产品优劣，购买合格酒，以及价格与价值相匹配的酒。

二是加强自身身体条件认识，做到适量饮酒，在任何场合，做到不过量，不酗酒。

三是要熟悉国家相关法律规定，杜绝酒驾等不良行为，自己不酒驾，坚持不让他人酒驾。

四是敢于挑战不良酒饮文化，积极倡导安全饮酒。现在很多地方还存着“感情深一口闷”“宁伤身体不伤感情”的现象，这其实是白酒消费畸形化的表现。对此我们要有正确认识。

四、安全产品监督者——政府及组织

政府对国家的食品安全起着决定性的作用，对白酒的饮用安全管理与监督也是如此。从职能上看，政府有关部门对白酒饮用安全有重大影响的作用主要表现在以下几个方面：

一是致力于环境污染治理，确保粮食安全，保障酿酒原辅材料符合生产要求，作为国家安全战略，目前国家对此已经给予了足够重视，这无疑对酿酒行业的发展是有利的。

二是对企业及各渠道产品加强食品安全监督与检查，严查以次充好、非法添加、扩大宣传、不合格产品入市等违法违规行为，为整个白酒市场饮用安全提供安全保障。

三是公安交警部门要加强酒驾、醉驾等不良行为的检查与处罚，防止因饮酒导致的社会性危害的发生。

总之，白酒的饮用安全是一项系统工程，需要政府、企业、销售商、消费者共同努力，携手共进，才能创造健康、安全、文明的白酒消费环境。

中小白酒企业引入专职品酒员刍议

一、中小白酒企业发展及质量品评概况

据权威部门统计数据显示：我国白酒行业大中型企业仅占 1.49%，中型企业占 8.90%，小型企业占 89.61%；销售收入大型企业占 45.24%，中型企业占 19.99%，小型企业占 34.77%；利润大型企业占 71.86%，中型企业占 10.86%，小型企业占 17.28%。

从以上数据可以看出，我国白酒生产企业发展规模很不均衡。特别是中小白酒企业规模偏小，产业集中度较低。

随着国家对三公消费的限制和禁酒令等政策的出台实施，中小酒企发展更是举步维艰，很多企业濒临倒闭的边缘。造成这一现象的原因，除国家政策和市场影响因素外，与中小酒企的经营思路密切相关，即重视包装，轻视酒质；重视招商，忽视市场；重视成本，而轻视质量；企业科技人才缺乏，重模仿，无创新。这种情况最终导致企业老客户流失严重，招商困难，企业经营难以为继。

质量是企业的生命，也是立足市场、形成品牌的基础。而中小酒企发展的瓶颈就是品牌问题。我认为，中小酒企要想实施品牌战略，创造个性化产品，必须严格把关生产质量。

二、中小白酒企业产品质量存在的问题

据我观察，影响中小酒企产品质量的因素主要存在以下几个方面：

1. 自产原酒缺乏系统的质量控制

大家都知道，影响原酒质量的因素非常复杂，从原料的选购、贮存、破碎、曲块生产，到场地卫生、香醅制作、发酵控制、甑桶蒸馏等方面，都会影响原酒质量。而这一切都需要我们严格遵守操作规程，进行标准化作业，这正是一些酿酒企业难以做到的。

据了解，很多中小酒企都没有进行量质摘酒、分级贮存等规范管理，俗称"一篦子酒"的原酒相当普遍。很多企业都缺乏调味酒的生产，有的企业即使生产调味酒，品种也比较单一。在很多企业几乎找不到具有一定年份的陈调酒。特别是在2012年前，因白酒市场相对表现较好，很多企业连贮存一年以上的基酒都找不到。从发展战略上讲，这对一个企业是非常危险的。

2. 外购基酒质量难以保证

据统计，在全国18000多家酒企中，真正拥有白酒生产许可证的企业仅8824家，那就意味着有很多企业存在着贴牌生产、借证生产，不少企业根据自身发展常常需要外购一部分基酒、调味酒。

作为外购酒的生产商，大多是借证的作坊式操作，质量难以控制。很多供应商还存在掺假使假，以勾调酒充当原酒卖的现象。外购酒质量一度成为很多需求厂家和客商非常头疼的问题。

3. 勾兑水平停留于"配方"等经验水平上

现在市场的主流产品——固液结合白酒和纯液态法白酒已达到市场份额的70%以上。很多企业认为，消费者不是专家，他们很难区分酒质的好坏。要想提高酒质量，只要在酒精酒（调香白酒）的基础上加上一定的原酒就可以了，根据产品档次定价，价格高的多加，价格低的少加。

我们知道，原酒的质量有好有坏，也会存在着这样或那样的缺陷。按照这种做法，在调香酒量比关系固定的情况下，随着原酒的增加，产品中微量成分的量比关系也会随之发生变化。酒的口感和质量怎样，还需要我们的评酒员作出品尝

和鉴定。所以这种传统的认识存在着极大的误区。如果原酒本身存在难以改变的质量问题，是不是这样的做法会使酒越调越差呢？答案显然是肯定的。

4. 缺乏先进的生产技术设备或技术设备比较落后

中小白酒企业与大中型企业相比，生产技术和生产设备都比较落后。比如作为低度酒生产的过滤设备，很多企业操作粗放，与大企业动辄几十万、几百万的设备相差甚远。

5. 缺乏品酒员等专业人才，企业品酒水平有待于进一步提升

囿于中小酒企的经营思想以及家族式的经营管理模式，目前很多企业还没有专职的品酒员。我以为，这种“质量把关人”的缺失，是造成企业产品质量低下，产品缺乏竞争力的主要因素之一。

三、引入专职品酒员的重要作用

考虑到中小白酒企业发展模式及经营特点，专职品酒员将发挥以下作用：

一是根据原酒质量存在问题，对改进生产工艺和操作规范提出意见。

二是促进自产酒按质摘酒、分级贮存管理，提升自产酒质量水平和企业竞争力。

三是严控外购酒质量，为企业节约成本，保证购进基酒和调味酒质量。

四是在勾兑、包装出厂等环节严把质量关，为市场提供适销对路产品。

四、品酒员的职业化及其建议

从中小酒企的发展现状和产品质量情况看，其品酒环节面临着以下问题：缺乏专职人员，一般多为兼职，品酒水平低，缺乏相应的技术设备和分析仪器。要改变这一现状，我觉得应做好以下几个方面：

一是让兼职人员从繁杂的事务中独立出来，设立品酒员职业岗位，可以采用走出去、请进来的方式，加强内部兼职品酒员的培训，使之成为专职品酒员；有条件的企业可以外聘具有一定资历的品酒员，以充实企业的技术力量。

二是适当购进白酒相应检测设备和分析仪器，使品酒的感观品尝与技术分析结合起来，促进对白酒质量的认知和评价。

三是在原酒的酿造和产成品的生产环节要建立严格的操作规程和技术标准，为评酒员开展工作创造条件。

值得一提的是，由于中小酒企的生产分散、产业集中度低等原因（比如小规模作坊式生产），可以考虑外聘咨询公司或评酒专家的做法，定期或不定期对生产中的品评环节进行指导，不仅可以节约企业的人力和财力，而且会大大促进企业的生产技术水平和产品质量的提升。

不管采用何种方式，都要求我们的白酒企业要正确对待品酒员这一职业，对其在白酒生产中的重要作用给予充分重视。这是白酒生产型企业的一项基本要求，也是在新的市场环境下企业参与竞争的外在需要。

中小白酒企业树立质量标杆的意义

近两年来，随着白酒市场的复苏，全国性的大牌和地方区域性品牌都在强化各自的竞争优势，在有限的市场内攻城略地。电商及直销模式的创新推进在一定程度上也强化了知名品牌的影响力。中小酒企该何去何从？

2017 年对中小白酒企业来说是不平凡的一年。受模式创新驱动的影响，以模仿大企单品进行的跨界销售、舞台促销、百元人民币换酒等营销模式对一些中小白酒企业的市场起到很大的促进作用，但低价、低质量的竞争也让很多企业吃尽了苦头。知名企业的打假维权、加之消费者对低价擦边产品的认可度低，使中小白酒企业的市场出现了明显下滑的趋势。

以全国酿酒名镇——古井镇来说，2017 年当地酒企老板思考最多的问题应该是销售模式创新问题。近半年来，不少厂家凭借亳州市以及古井镇拥有的旅游资源优势与旅游公司合作，把原酒直接面向游客销售，取得了一定的成效。但纵观整个市场，中小酒企并不能从根本上解决营销难题。

我认为，对于中小白酒企业来说，营销的核心仍是质量问题，近两年来企业进行的营销模式创新实质上是建立在低质量、低价位的基础上的，一些企业为了节省成本，在产品生产上采用纯液态的生产方式，加之勾兑技术水平落后，所销售的产品，消费者根本无法接受。拿百元大钞换酒这种促销来说，100 元换一件，消费者十几元买一瓶酒并不贵，关键是企业并没有为消费者创造更多的让渡价值，反而让消费者感觉上当受骗了。2017 年下半年，一场靠百元大钞促销的活动戛然而止，以前靠此活动销售的企业瞬间出现大量存货。很多企业已经深刻认识到质量对企业发展的重要作用。

中小酒企提高质量并非一句空话，而要求企业自始至终都要付诸实实在在的行动。因为影响白酒质量的因素多而复杂，从制曲、破碎、发酵、蒸馏、摘酒、贮存、勾兑、生产灌装，到技术、管理、硬件设施配置等等都与质量密切相关。本作者之所以提出中小酒企业树立质量标杆，其重要性也更在于此。

那么什么是质量标杆？简单地说就是中小企业以当地最优势企业质量为标准而开展整改自救，使其在一定的时间范围内达到或接近最优势企业的质量标准。

现在全国几大白酒酿造基地，比如四川的宜宾、泸州、邛崃、大邑，安徽的亳州，贵州的遵义等集中地区都有优势企业，宜宾有五粮液、泸州有泸州老窖、亳州有古井贡、茅台镇有茅台酒等。那么当地企业如何建立自己的质量标杆，我觉得从以下几个方面进行认识：

一是找出本企业与质量标杆企业的共同优势。我觉得这一点很重要，从某种意义说，一家企业做出做不出好酒，取决于这种认识和自信。很多企业认为人家是大企业，自己是小企业，质量差是理所当然的。实际上这就是自信心问题。我们可以梳理一下，其实你与大企业有很多共同点：像地缘优势，大家都一样，一样的气候、一样的水系，甚至酿造用的粮食也没有什么大不同。人家采用是老五甑，你采用的也是老五甑，为什么你酿出的酒与大企业的不一样。那就是除了共同点还有差距点。找出差距我们就成功了一半。

二是分析差距点，找办法整改弥补。小企业与大企业相比，差距主要表现在以下几个方面：

技术。技术取决于人才。小企业没人才，但可以花钱引进来，也可以送出去培训，也可以聘请专业的技术公司担当顾问。这取决于老板的观念与思维。就勾兑这个环节来说，现在很多小企业还停留在质量好不好取决于原酒的添加比例这一传统认识上，这种思想局限严重影响了质量水平的提高。前几天，有位老板还问我：“我的酒是纯原酒，无任何添加，为什么客户还说不好喝呢？”我说：“有两种可能性：一是你的原酒本身有问题；二是勾兑方面可能出了问题。”后来他拿原酒让我品尝，最终发现还是原酒质量问题。现在消费者都相信“纯粮酿造”，其实这是个伪命题。好酒须是纯粮酿造，纯粮酿造的酒未必就是好酒。

管理。对于一家企业来说，管理出效益是真真切切的。以前刚大学毕业时，当时在酒厂的我感受最深的就是现场管理这个词了，当时非常不解。后来参与了一线的实践，感觉对于生产企业来说现场管理实在是太重要了。一锅酒出得好不好，除了发酵条件之外，场地卫生、工人操作规程都十分重要，而这恰恰就是现场管理的内容。从总的工艺流程上看，一定要做到“精”“细”“严”“实”，而小企业与大企业相比简直有天壤之别。

设施。小企业设施与大企业相比差距很大，但小企业一定要想办法弥补。不求最好，只求改善，也许我们的产品质量就会迈出坚实的一步。

中小酒企与大企业相比拥有共同的地缘优势，这是中小酒企发展之根，以此为基础，逐步树立自己的质量标杆，向大企业学习，这为中小酒企提高产品质量指出一条可以尝试的路径。

中国当代白酒消费价值取向初探

中国的酒文化已达数千年的历史，可以说源远流长、博大精深。在不同的历史时期其表现也不同。比如，商朝的酒色文化，周代的酒祭文化，秦汉时间的酒政文化，隋唐时间的酒章文化，元朝时的酒域文化等等，无不说明酒对国家的政治、经济、文化、艺术、宗教等都有深远的影响。

人们的社会生活离不开酒，自古以来就有“无酒不成席，无酒不成礼，无酒不成趣”的说法。中国的酒文化延续至今，在生产、消费方面更呈现地域化、多元化的趋势。

下面我就中国消费者对当代白酒的消费价值取向提出自己的一些思考，希望与相关业内同仁供勉。

一、何谓消费价值

消费价值是指消费者对于商品所带来的效用的需求程度，它说明了消费者为什么购买此商品，以及为何选择此商品而非彼商品的原因。按照希斯（Sheth）、纽曼（Newman）和格罗斯（Gross）在1991年提出的消费者价值模型，认为产品为顾客提供了五种价值，即功能价值、社会价值、情感价值、认知价值和条件价值。

消费者在选择商品时，都受到上述一个方面或多个方面的影响。比如某人购买五粮液，他可能会关注它的功能价值（是用来饮用的）、社会价值（用它招待客人体面、有身份感）、情感价值（他一直钟情于这个品牌）。此三种价值解决了消费者的购买动机和购买理由。

二、研究白酒消费价值的意义

对白酒消费价值的认识，既然解决了人们为什么买、如何买的问题，那么研究它就具有非常重要的意义，主要体现在以下几个方面：

一是有利于企业加深对白酒市场的认识，制定科学合理的营销规划乃至更加有效的营销策略。

二是企业通过对不同消费群体的分析研究，有利于开发出适销对路的产品，增强企业的创新能力。

三是从消费者行为学的角度审视中国的白酒文化，加强对消费者的引导，强化他们对白酒文化的认知，进一步弘扬中国悠久的民族文化。

三、中国古代和当代白酒消费者的消费价值取向特征

中国的酒文化发展至今，白酒的消费文化仍保持着延续性，突出表现在产品的功能价值、社会价值、情感价值文面。比如古代的酒祭文化对当代老百姓的生活一直影响很深远，现在很多的祭祀活动都还少不了酒。

我感觉古人对白酒情感价值的认识远远高于当代人。“灌夫骂座”“贵妃醉酒”“李白斗酒诗百篇”，李清照“沉醉不知归路”、黄公望“酒不醉不能画”、武松醉上景阳冈等，这些脍炙人口的典故对当代人影响非常深远。而今天借酒抒情的人似乎越来越少了。

在古代，由于受经济发展水平的限制，白酒的社会价值表现远不如现在社会受到关注和重视，仅限于祭祀、庆功宴、犒劳行赏、有钱人的家宴等方面。而今天政务用酒、商务用酒、红白喜事、朋友聚乐，白酒的社会价值呈现极为丰富。

根据中国社会调查事务所在我国多个省份进行的8000多份问卷调查发现：人们喝酒的场合依次是：喜庆事占53.6％，来客人占47.3％，烦恼时占21.5％，

生活习惯占10.1%。从这个结果可以看出，因结婚、生子、升迁、生学、生日等原因用酒量最大，其次因政务、商务接待、人情往来等原因的消费几乎占到白酒消费市场的一半，而人们的自饮即侧重于白酒的自有功能性消费却非常少。

我在考察市场时发现，现在每天图一醉的“酒鬼”越来越少了。多饮无益，少饮健康已经成为广大消费者的共识。而人们参与饮酒的场合多与酒的交际功能即社会价值有关，在人们对健康愈来愈重视而有必要参与很多群体性活动的情况下，酒的功能价值属性就显得不重要了。

古人喜欢醉，现代人却要多喝不醉。从现在白酒产品表现出的“醇爽”性特点和“低醉酒度”特性也能说明这一点。因为人们参与聚饮时，首先要保护好自己，不能失礼失态，同时要享受群体欢乐气氛，所以要豪饮不醉。

人们在公共场合喝酒都讲面子。什么是“面子”？其实质就是人们努力追求的归属感和自我实现的感觉。按照马斯洛的需要层次论，人们在生理的、安全的需要被满足之后，都在追求受人尊重和社会的认同感。现在人们交际用酒之所以大多用品牌酒，就是这个原因。从这种意义讲，我们喝的不是酒，而是身份和面子。这是白酒社会价值的另一种表现。

值得一提的是，随着禁酒令、三公消费的政策限制，中国的高端酒受到不同程度的打压，有人说中国的白酒市场开始向“民酒”市场发展。但不管市场如何发展，中国老百姓消费白酒过程中表现出的社会价值需求永远不变。

四、中国潜在白酒消费者的消费价值取向及其特征

有人说，目前中国白酒消费的主力军是“60后”和“70后”，那么等这两代人逐渐老去，中国的白酒市场又走向哪里？“80后”“90后”还对中国的传统白酒情有独钟吗？

中国的“60后”“70后”出生在物资匮乏的年代，受父辈影响从小就懂得节俭，他们参加工作后，在餐桌人除白酒、啤酒之外，可供选择的酒类很少，所以他们习惯喝白酒很容易理解。

作为“60后”“70后”的下一辈就不一样了，由于国家计生政策的实施，他们物质生活条件优越，等他们达到饮酒年龄后，摆在他们面前的各种酒类及饮料

非常丰富，可选择余地大。对中国传统白酒的重视程度远远低于他们的父辈。“80后”“90后”消费价值取向带有以下几点：

1. 情感性

他们渴望产品情感价值的表达，偶像代言对他们的消费起到了很大的推动作用，他们喜欢选择适合同龄人去处的酒吧、舞厅等场所进行消费，低度的预调酒很受他们的欢迎。

2. 认知性

在消费上他们追求个性，对新品牌充满好奇心，容易接纳新生事物。

3. 条件性

与其父辈相比，他们更容易产生冲动性购买，只要喜欢，一切都行，很少考虑金钱的因素。在追求社会的认同方面他们表现得更强烈，在购物选择上从众心理表现得十分突出。

4. 便利性

网络的发展，使他们网上购物成为时尚，他们追求购物的便利，同时享受网上购物的乐趣。

基于“80后”“90后”的消费价值取向特征，现在很多白酒企业推出青春小酒、预调酒，从整个市场反应看并不尽如人意。我觉得，这需要过程，中国的白酒企业的主力消费群仍在，作为边缘性消费群体，对他们的引导和培养还需要我们做出不断的努力。

中国的白酒企业在对年轻消费群体消费价值引导方面需要做好两个方面的工作：

一是要适应。适应他们追求个性和时尚，表现自我，以及网上消费的特点，开发出适销对路的产品；积极拓展网络渠道，在传播上也应重视多渠道整合传播，根据年轻受众的特点，制定最佳的传播方案。

二是要引导。“80后”“90后”对中国传统的白酒文化是缺乏认识的，这是影响消费价值驱动之根本，中国酒协这方面已着手做了大量工作，其中很重要的一点是改变他们对中国传统白酒的认知。

中国白酒市场非常庞大，质量参差不齐，香型达十几种，各地区的饮酒习惯也差别很大，那么白酒在年青一代消费者心目中到底是什么？他们很难说清楚。

在对年轻消费者的教育引导方面，要轻“多量饮用”、重“少量品鉴”的观念，回归白酒的本质，使白酒不仅给人以物质的享受，更能带来精神的愉悦，使我们的年轻一代在享受美酒的同时，更能领略到中国深厚的白酒文化，激发他们的爱国情怀，这才是中国白酒文化传播的精髓。

中国的白酒产业在经历新一轮高速增长后，2012 年以来至今又经历了低速徘徊到持续复苏的过程，但中国白酒仍面临着巨大的挑战。

雄关漫道真如铁，而今迈步从头越！

面对挑战，我们更应该看到机遇。中国互联网技术的蓬勃发展，新一代年轻消费者的成长，国家对食品安全的重视，中国作为第二大世界经济体对全球的影响越来越强，无不给我们的白酒产业特别是品牌企业带来新的发展机遇。

中国白酒发酵设备的种类及研究意义

中国酒文化源远流长。从酿酒的历史上看，可以追溯到7000年前，从有关考古资料可以推断，中国早期的酿酒设备为陶器和青铜器。自元、明时代中国出现蒸馏酒以后，才开始有泥窖（我们俗称的窖池）等发酵设备。历史上的各种发酵设备是中国酒文化的见证，对研究中国酒文化的发展和各历史阶段经济的发展具有重要意义。本文重点讨论白酒的发酵设备。

一、白酒发酵设备的种类

根据中国目前各地区白酒生产企业的工艺特点，基本上可以把白酒的发酵设备分为以下几种：

1. 泥窖

浓香型白酒占有中国白酒70%以上的市场份额，其发酵设备都是使用泥窖。俗话说“千年的窖，万年的糟”，窖池对白酒的贡献非常巨大。窖池的作用不仅体现在作为发酵容器上，更重要的是窖泥内含有丰富的微生物族群，对白酒的产酯生香起到了关键的作用。现在以五粮液、泸州老窖、古井贡、剑南春、水井坊、洋河等为引领的浓香型品牌企业，非常重视对窖泥的微生物分析研究，以提高产量、质量为前提，在窖泥的培养、老窖的养护、工艺的创新方面不断进行探索，取得了良好的经济效益。

除浓香型白酒之外，另外凤香型、药香型、馥郁香型白酒也使用泥窖。凤香型以西凤酒为代表，药香型以董酒为代表，馥郁香型以酒鬼酒为代表。目前其市场份额虽然占比较小，但因独特的工艺及产品特点在白酒界仍具有较大的影响力。

2. 条石窖

条石窖主要用于生产酱香型白酒。条石窖的池壁以条石加水泥建成，专用窖泥作底。独特的窖池形式，决定了酱香型酒原酒酿造的不同风味，比如酱香、醇甜、窖底香等。近几年来，酱香型酒的市场份额不断扩大，除茅台一线品牌之外，郎酒、习酒、国台、金沙、珍酒等品牌发展迅速，酱香型白酒酱香突出、优雅细腻、回味悠长的风格越来越受到消费者的欢迎。所以加强对酱香白酒的窖池的研究，对相关企业的发展同样具有非常重要的意义。

3. 水泥窖

水泥池窖可以说是现代白酒酿造的产物，由高标号水泥建成，在麸曲清香、部分小曲酒、兼香型白酒酿造中广泛使用。

4. 砖窖

砖窖主要用于生产芝麻香型白酒。以红砖砌壁，留有窖底泥。砖窖主要集中在山东景芝等数家企业，在山东、河南等地具有一定的影响力。

5. 陶缸、陶坛等

陶制品容器主要用于生产清香型白酒。大曲清香使用地缸发酵，小曲清香部分使用陶坛。近几年来，作为大曲清香的汾酒发展强劲，且汾酒在 20 世纪 60 年代，在中国白酒界占据非常重要的地位，所以汾酒的地缸发酵工艺在中国白酒界具有很大的影响力。

6. 不锈钢罐

此类容器主要用于生产米香型酒和豉香型酒。此类白酒主要集中在云南、广西、广东等地。

二、中国白酒发酵设备的传承与创新

从全国的生产规模看，中国白酒使用泥窖窖池的占有率最高，约占全国发酵设备的70%以上。其次是条石窖，再次水泥池、地缸、砖窖等。在各种发酵设备中，泥窖池是最具历史底蕴、最神秘、最具想象力和创新力的发酵设备，与水泥池、陶制品发酵容器相比，泥窖（包括使用窖底泥的条石窖、砖窖）具有以下特点：

一是窖池的历史性。窖池越老酒越好，目前已成为白酒界的共识。所以各大品牌企业历经年代久远的窖池已成为企业的稀缺资源和重大无形资产。

二是窖池的神秘性。窖池对普通大众来说是极为神秘的，很难想象，这么好的美酒竟然产自泥窖。据专家分析，白酒企业正常使用的窖泥含有数百种微生物，每克窖泥的微生物数量达1亿多个，随着科技的发展，还会发现更多的微生物。这些微生物是白酒酯类的前驱物质，是浓香型白酒香味成分的主要来源。

三是窖池的创新性。对窖泥的研究以及科学利用，对提高白酒质量起着非常重要的作用。现在江南大学、四川食品发酵研究院等院校机构，各大知名白酒企业都有相关专业人员对窖泥进行分析研究，促进了窖池的传承与创新，为企业创造了良好的经济效益。

三、窖池的定义

通过对中国白酒发酵设备的分类，在此我给“窖池”作一个定义，也希望业界同仁提出宝贵意见。

窖池的广义定义：中国白酒发酵设备容器的总称。不论泥窖、石窖、水泥窖、砖窖、地缸等，都可以称为窖池。

窖池的狭义定义：窖池是指以泥质或石质、水泥、烧砖等原料建造的用于白酒发酵的容器。这个定义包含了中国白酒绝大多数的发酵容器，与人们对窖池的传统认识相一致。

由此可见，不同类型的窖池是中国白酒生产的重要设施，围绕窖池实施的工艺流程也是白酒生产的关键环节，其作用和影响意义深远。

窖池——中国白酒文化之根

在中国白酒酿造过程中，水、粮、曲、窖是影响质量的关键因素，有着“水为酒之血，粮为酒之肉，曲为酒之骨，窖为酒之魂”的说法。但这些因素中，唯有窖池是可以反复利用的，对酒的产量和质量会产生决定性的影响。

窖池是白酒的发酵容器，特别是在浓香型白酒中使用的泥窖数量最多，范围最广，影响也极为深远。泥窖对于普通消费者来说是极为神秘的，因为他们很难想象，我们平时饮用的美酒会产生于一个个“泥坑”。随着酿酒科学的发展，我们对窖泥已经有了深入的认识。窖泥对白酒的贡献主要表现在其含有的微生物菌群上，窖池内壁的窖泥是酿酒主体生香功能菌（己酸菌、丁酸菌、甲烷干菌等）繁衍栖息的场所，是多种微生物固定化的培养基，是没有半衰期且效果越来越好的生物反应器，它是形成浓香型白酒风味物质的基础。大量的实践证明，窖池越老，产酒越好，酒好还需窖池老已成为业内生产者的共识。

在中国白酒文化中的窖池具有以下属性：

一是老窖稀缺性。具有一定年份的窖池是企业的核心资源，它不仅是企业原酒生产质量的重要保证，也是企业发展的历史见证。现在很多知名企业深度挖掘企业的窖池文化，以此助力产品营销，收到了很好的效果。比如 2005 年 4 月 26 五粮液把明代古窖池泥送到中华世纪坛的“国宝展”上，与秦皇陵的划船陶俑

——中国最早的人造铁器陈列在一起，在社会上引起强烈反响。

二是符号传播性。现在“千年的窖，万年的糟”“酒好还需窖池老”等观念已深入人心，人们一提到酒，很容易联想到窖池，所以我们把窖池作为中国白酒文化的一种传播符号就比较恰当。想想在中国改革开放后，法国葡萄酒是如何打入中国的？他们并没有对红酒的色、香、味进行大肆宣传，而是强调了产地、酒庄，以及橡木桶等与红酒相关的因素，以此增加它的神秘性。中国白酒中的窖池在白酒推广中具有很强的附着力和想象力。对于企业一说，除了品牌很难找到像窖池这样更好的推广因素了，这也正是很多企业在大力推广自身所拥有的古窖池的原因。

随着中国经济的发展以及对世界经济影响力的提升，世界各国也将有更多的人消费中国白酒。那么中国如何面向世界进行推广，则是摆在我们面前的主要课题。现在中国白酒协会已正式把“中国白酒”的英译改成“China baijiu”，这一名称的改变，不仅有利于中国白酒向世界推广，更重要的它反映了我们的民族自信和文化自信。

中国白酒由于产地分散，香型各异，名牌众多，在“中国白酒”这一品牌的统领下，如何形成合力，目前仍面临着很多难题。这里我们提出把窖池作为中国白酒向世界推广的一个因素，无疑具有较强的实践意义，这也是我们窖池文化研究人员努力工作的一个方向。

酱酒热来了，酒商如何应对？

近几年来，酱酒热兴起，特别是河南、山东等市场二线酱酒增势不减。有数据显示2020年中国酱香酒产量约60万千升，约占中国白酒行业的7%之多，利润占中国白酒行业的近40%。酱酒的高利润促使很多经销商开始转向经营酱酒。

近两年的糖酒会能很好地证明这一点，在酱酒展位前人头攒动，无比热闹，而其他展位相对清冷。这说明大家都在看好酱酒。酱酒热背后的原因是什么？有没有长期发展的市场机理？作为我们的经销商如何正确看待酱酒热？下面我谈谈自己的看法，希望与广大酒类经销商共勉。

一、近几年来为什么会出现酱酒热？

酱酒热作出一种市场现象，在背后是原因的。我在自己的微博中曾作过分析，主要原因如下：

1. 茅台酒的引领作用

目前，茅台酒的市值已达近3万亿，超过了深圳2020年的GDP总量，在白酒界独树一帜，其品牌在中国也是妇孺皆知。在它的引领下，郎酒、茅台集团旗下的习酒近几年来也发展迅速，销售额已突破100亿元。二线品牌国台、金沙、潭酒等品牌也发展较快，催生并带动了其他中小品牌的兴起。

2. 当地政府的支持

在2021年的糖酒会上，2021酱酒之心主题展在成都世外桃源酒店开幕。这是在长达66年的糖酒会历史上，第一次出现以酱香型白酒为核心主题的品类专业展。细心的酒商都知道，近几年来，仁怀酱酒都出现品牌扎堆展出的现象，这种品牌联动的市场行为，肯定经过策划并进行预置安排。

3. 经销商的推动

近多年来，浓香型白酒作为香型“老大”，产品同质化严重，鱼龙混杂，玩各种活动促销，打价格战，商家感觉市场操作难度加大，利润越来越低。在这种背景下，一些先知先觉的商家开始盯上了酱酒。比如业内有名的酣客、肆拾玖坊等酒商通过创新营销模式经营酱酒，在白酒界玩得风生水起。

近几年兴起的社群、社区团购等营销模式非常适合小众酱酒的传播与市场推广，经销的利润十分丰厚。

由此可见，多种因素促进了酱酒的市场发展。按照茅台前董事长季克良的话说，由茅台酒支撑起来的“酱香热”现在已经逐步实现了全面繁荣，酱酒企业正值春天。

二、酱酒热的市场机理

如果说是茅台的引领、政府的支持、经销商的推动促进了酱酒热，那么没有消费者的需求也很难形成当前酱酒发展较快的局面。

茅台虽好，价格高得却让普通消费者望其项背。但茅台的好，消费者都略知一二：价格高、稀缺、好喝。消费者2000多元买不起茅台，却可以花三四百元买一瓶国台，喝的都是酱酒，体验的都是同一种风味，这就是近几年二、三线酱酒比较走俏的原因，其本质仍是茅台的引领，却与消费者的趋同心理有关。这是其一。

其二，从全国的白酒市场看，高度酒市场化趋势明显。我曾考察过河南市场，低于50度的酒几乎无人问津。前几年靠低度酒走红的张弓酒，目前在市场上不见了踪迹。在各省份中，河南人喝高度酒虽是个案，但它率先成就了贵州的酱酒品牌。因为酱酒的53度与这个地区的消费习惯不谋而合。

现在很多消费者对白酒是存在认识误区的，很多人认为只有高度酒才是好酒。目前市场上高端品牌茅台、五粮液、国窖 1573、古 20 等其高度酒市场份额远远大于低度酒。这也是很多消费者接受 53 度酱酒的重要原因。

其三，从消费群体上看，酱酒的消费主要集中在 20 世纪六七十年代出生的男性群体。这个群体在中国基数庞大，消费能力强，很多人喝酒成瘾，但对酒的感受能力却大幅下降，嗅觉与味觉都比不上年轻人灵敏。香味浓的酒成了他们的最爱。而酱酒酱香突出、回味悠长的特点，正好能满足他们的感官要求。他们不喝酱酒罢了，喝过了就忘不了。这就是酱酒的市场基础。

三、酱酒热何去何从

1. 产能有限

目前，尽管酱酒热度不减，但从市场上看，主要集中在河南、山东、广东等地，其产能仍不到白酒行业的百分之十，短期内很难撼动浓香型白酒的市场地位。从长期看，酱酒要想获得长足发展，必须打破产能瓶颈，扩大生产。

2. 正确认识酱酒

酱酒从生产成本上看比浓香型白酒略高，工艺相对复杂。一般好的酱酒需要 5 年的贮存期。酱酒在质量上也分不同的档次，比如坤沙比碎沙好，碎沙又比翻沙好。不同的档次质量差别很大，成本也存在较大差距。作为经销商如果选择酱酒必须慎之又慎。

3. 规范发展，避免“风”起

在中国白酒市场，向来是不缺“风”的，比如“赖茅风”“原浆风”。大风过后，一地鸡毛。这次的酱酒热是存在市场基础的，要获得长足发展，作为酱酒经营者必须抓住机遇，严控质量。

我们要谨记季克良老爷子的话：酱酒的春天来了，但酱酒红黑对比依然在加剧，潜藏在茅台镇的“黑心”商人也不少，这块市场的大蛋糕也让不少别有用心的人蜂拥而至。如何维稳酱酒口碑，将是未来竞争的关键。

酱香型酒为什么这么贵?

大家都知道以茅台引领的酱香型白酒比其他香型白酒售价偏高，这是由酱酒的生产及其工艺特点决定的。

酱香型酒的生产有三种工艺：坤沙、碎沙、翻沙。这里的“沙”就是高粱的意思。一般来说，坤沙工艺就是用整粒高粱酿酒，碎沙工艺就是用破碎的高粱酿酒，翻沙则是对酿造过的丢糟重新利用，加曲药再次发酵酿酒。从生产成本看，坤沙成本最高，质量最好；碎沙因较高的出酒率，成本较低，质量比坤沙酒要差些；翻沙成本更低，质量也更差。

除此之外，市场上还有一种调香酱酒，质量最差。我们说酱酒成本高，主要拿坤沙酒与其他香型的纯固态酒做比较来界定的。

茅台酒使用的是坤沙工艺。其酿造过程基本上可以用“12987”这个数字来概括，即一年一个生产周期，两次投料、九次蒸煮、八次发酵、七次取酒的工艺过程，这个过程非常复杂，且每个轮次取的酒质量都不一样。

通过对茅台镇的考察，我对酱香型酒的生产成本也有了较高的认识，除它的工艺复杂之外，还体现在以下几个方面：

一是企业建造成本高。大家都知道也只有茅台镇才能产出风格较好的酱酒。所以酱酒生产在茅台镇非常集中。茅台镇为山区，厂房都是依山而建，很大一部分企业就是建在山上。相对平原这些酒厂的建设成本要高出很多。

二是主要原料糯高粱的价格较高。生产酱酒必须用当地产的糯高粱，每斤市价三四块，几乎是东北高粱的 2 倍到 3 倍。

三是储存成本。酱酒生产出来是不能直接饮用的，必须存放 3 到 5 年才能勾兑出厂，储存成本较高。

茅台酒价格较高，在一定程度上反映了市场的稀缺性。现在贵州茅台以及其他酒厂都在宣传茅台镇生产酱酒的区域优势。茅台镇每年的产能有限，自然好酱酒价格不菲。

八字方针，酿造好基酒

基酒基本上可以理解为原酒。原酒就是白酒在酿造时蒸馏出来的原始酒液。一般企业都要对原酒进行分级、分类贮存。这些被分级、分类贮存的酒就是基酒。我们市场上看到的成品酒大多是由一种或几种基酒勾调出来的，所以基酒的质量决定了成品酒的质量。

基酒的酿造过程极其复杂，概括起来，主要受以下因素的影响：

一、水

俗话说水为酒之血。没有好的水源肯定酿造不出好酒。酿酒用水的标准是酸碱适度，清澈甘洌。全国产酒名镇古井镇酿造之水被称为“无极之水”。说明该地的水适合酿酒，所以才形成了一百多家白酒厂汇集的产酒基地。

二、粮

粮为酒之肉。没有好的粮食产不出好酒。粮食的淀粉率决定出酒的质量和数量，用粮干净、卫生、无杂质、无霉变是基本要求。在我国高粱是酿酒的主要原料。不同地区的高粱质量是不一样的。酿造酱酒所用的高粱必须是贵州当地的糯高粱；酿造其他香型的白酒所用高粱首选东北高粱，其次是进口高粱。

三、曲

曲为酒之骨。以前制曲多为大麦、豌豆，现在多为小麦。曲的质量决定酒的质量。古井贡酒产地用曲被称为桃花春曲，其酿酒用曲一般选在春天制作，以利于菌种的繁殖。

四、窖

行内说：千万窖，万年糟。对于浓香型白酒续糟发酵的工艺来说，窖池非常重要。一般来说新窖产酒差，老窖产酒好。但窖池必须注重保养。保养的目的是使窖池中微生物（比如己酸菌含量丰富）大量繁殖，否则就影响己酸乙酯的含量，因为己酸乙酯是浓香型白酒的主要香味物质。而对于大曲清香汾酒的窖池则要求采取一定的措施抑制己酸菌的生长，所以汾酒的窖池采用地缸，且用经过处理的花椒水清洗。不同香型的白酒采用的发酵窖池不一样。

五、艺

艺，即为工艺，不同的工艺生产出不同的酒。比如酱香酒用的是堆积发酵，八次蒸煮，七次取酒；浓香型酒用的续糟发酵，混蒸混烧；大曲清香型采用的是清蒸二次清工艺。现在白酒厂家都非常注重工艺研究，在提高白酒质量和产量方面下功夫。

六、匠

匠，是指工匠、匠人。现在大家都在提工匠精神。工匠精神是指爱岗敬业、专注努力、锲而不舍、精益求精的职业精神。酿酒是需要工匠精神的，因为它是一项既尊重科学，又注重经验艺术的复杂的劳动。业内人士都知道，同样的酿酒工艺，由不同的人去操作，其产生的结果会存在很大的差别。所以工匠在白酒的生产过程起着非常重要的作用。酿造大师指导酿造，保证传统技艺传承。

七、境

境，即环境。酿酒是讲究地域条件的，中国地或广阔，不是所有的地方都适合酿酒。现在贵州茅台镇、安徽古井镇、山西杏花村镇、江苏“三沟一河”、四川的宜宾、泸州、邛崃、成都周边等地都适合酿酒。四川为产酒大省，一年一度的春季糖酒会都选在成都召开，白酒界有影响的名酒五粮液、剑南春、水井坊、郎酒、泸州老窖（国窖 1573)、沱牌（舍得酒）都产在四川，被誉为“六朵金花”。可见川酒在全国中的地位非同一般。

八、贮

贮，即贮存。白酒酿造出来之后，必须贮存。一般来说酱酒要 3～5 年，浓香型酒要一年。没有时间的积淀再好的酒也不能算好酒。白酒经过贮存以后，才能作为基酒由勾调师选择使用。

中国主要白酒产区概览

20 世纪七八十年代，曾流传一句话：当好县长就要办好酒厂。在当时工商业不发达的中国，酒厂就是一个县的主要经济支柱。全国 2000 多个县，每个县至少就有一家酒厂。现在很多知名企业都是在此基础上发展起来的。20 世纪 80 年代中期以后，国家鼓励集体办企业。之后的几年，全国的中小酒厂如雨后春笋般涌现。据统计，20 世纪 90 年代前后，全国就有酒厂 3 万多家。进入 21 世纪，国家考虑到白酒大量消耗粮食，限制了白酒的发展，对新建厂不再审批。根据 2018 年官方的统计数据，全国规模以上的白酒企业就有 1400 多家，中小企业仍有 2 万多家。

白酒的酿造是讲究地缘因素的，一个地方适合不适合酿酒与当地的水质、气候条件关系很大。比如中国的西藏、新疆、东北地区就不适合酿酒。中国的白酒产区主要分布以下几个区域：

一、川黔产区

以贵州的遵义、四川的宜宾、泸州为点划一个“三角形”，此区域为全国著名的白酒产区，全国大部分名酒都产在这里。

川酒从产量和影响力看，绝对是一省独大。不仅企业数量最多，而且酿造、品鉴、勾兑技术一直走在全国的前沿。一年一度的全国春季糖酒会之所以定格在成都举办，也与川酒的影响力有关。四川，白酒达人的最爱。了解酒，首当其冲应该来四川。

四川的酿酒产区大体上可以分为三个区域：

一是围绕成都及周边地区的邛崃、大邑、崇州、绵竹等地，是全省酿酒企业最多的区域，这里比较知名的企业有全兴、水井坊、剑南春、文君、金雁、东圣等。

二是宜宾地区。宜宾地区除了知名白酒五粮液之外，还有高洲酒业、叙府酒业、红楼梦酒业、竹海酒业等。高洲酒业是全国著名的散酒生产及销售企业，在业内具有较高的影响力。

三是泸州地区主要品牌是泸州老窖和郎酒。另外比较有名的还有玉蝉、仙潭等品牌。

上文提到的五粮液、剑南春、泸州老窖、全兴、郎酒与遂宁的沱牌曲酒并称为川酒“六朵金花”。其企业规模、品牌知名度、产品品质在当地起着龙头引领作用。

一般消费者认为四川是产多粮酒的大省。其实泸州老窖一直沿袭着自己的单粮工艺，以小麦作曲，以高粱为原料，其高端产品国窖 1573 在高端白酒中占有一席之地。

郎酒在六朵金花中是仅有的酱香品牌，青花郎、红花郎在高、中端酱酒市场具有较强的竞争力。

贵州遵义的茅台镇是全国著名的酿酒名镇，以出产贵州茅台出名。

在贵州考察时，当地人说：贵州也没什么好看的，“三个一”就概括完了，即“一座房子、一棵树、一瓶酒”。我立马就想到了遵义会议遗址、黄果树瀑布和茅台酒。

茅台酒的出名基本上可以用“三高”来概括：作为上市公司的高市值，最高时赶上了深圳的 GDP；高价格，消费市场上 3000 元还一瓶难求；高知名度，全国上下，近乎妇孺皆知。

茅台镇目前有白酒生产及相关销售类企业数千家，在其火热的宣传推动下，使酱酒在老百姓心目中十分的神秘。于是酱酒这几年火了。各路资本大举进军仁怀，在全国掀起一股酱酒热。

2018 年，我曾驱车贵州考察，当时深夜 12 点才赶到茅台镇。一进入茅台镇简直被当地景象惊呆了。灯火辉煌，光柱层层叠叠，让人有一种置身于天堂般的感受。

仁怀依托茅台酒厂和酱酒产业，把一个酿酒小镇打造成了著名的旅游景区。1915 广场和四渡赤水纪念馆都是当地著名景点。

遵义的董公寺镇是全国有名的药香型白酒董酒产地。

二、皖苏产区

提到白酒必讲徽酒。因为在全国为数不多的白酒上市公司中，安徽拥有四家，包括：古井贡酒、口子、种子、迎驾贡酒。就风格上讲，除口子为兼香型以外，其他三家为浓香型。

安徽最著名的白酒产区是亳州。亳州是曹操、华佗的故乡，又是全国有名的中药材集散地，被誉为“药都”。与药齐名的就是白酒产业，拥有古井贡酒、高炉家酒等知名品牌。其西北角的古井镇是全国有名的酿酒名镇，目前有白酒生产企业 100 多家。除古井贡酒之外，除此之外还有店小二、难得糊涂、金坛子、酒都等生产企业。

在 2000 年之前，古井镇主要生产单粮酒，之后受四川工艺的影响，开始生产多粮酒。全古井镇的多粮酒与四川的多粮酒有明显的地域差别，香浓味甘，不像川酒那样粮香突出。

古井镇位居中原地带，在地理位置上特别是交通方面比四川有优势，这也是古井镇作为全国酿酒名镇有优势的地方。

在 20 世纪末，江苏的酒基本上可以用“三沟一河”来概括，即双沟、高沟、汤沟、洋河。双沟、洋河作为国家名酒与古井贡齐名。2010 年双沟、洋河以股权转让的方式成立苏酒集团，双沟并入洋河股份，并于 2009 年上市。洋河生产的蓝色经典梦系列产品为浓香型。

江苏的另一家上市企业今世缘酒是在高沟的基础上发展起来的。企业位于淮安市涟水县的高沟镇。作为浓香型白酒，今世缘酒与洋河有明显的区别，前者柔雅醇厚，后者馥郁甘洌。

作为白酒产区的江苏与安徽有些类似。除上述知名企业之外，洋河镇是白酒产业相对集中的地区，拥有众多中小企业，比如国河、蓝色梦乡、苏河、贵人缘等。

三、山西产区

提到全国白酒产区必提山西，山西汾阳的杏花村镇是全国大曲清香白酒——汾酒的产地。汾酒有着悠久的酿造历史，20 世纪末汾酒与茅台曾因历史原因产生有名的“汾茅之争”，谁是谁非，暂且不论，但由此可见汾酒的历史深厚。据说在金庸的笔下也曾多次提到汾酒。

在 20 世纪 80 年代之前，清香型白酒一直是全国白酒市场的主流，占有率达到百分之六十以上，由此奠定了汾酒的市场基础。1988 年至 1993 年，汾酒的市场一直位于全国前列，曾一度被业内人士称为“汾老大”。

禁止“三公”消费以来，汾酒和其他名酒一样受到严重影响，但近十年来，汾酒强劲复苏。每年的销售额达到数百亿元。

汾阳作为白酒产区与安徽的亳州极为相似，区域内还分布着很多中小企业，在汾酒的引领下，形成全国最大的大曲清香白酒生产基地。

四、其他产区

除了全国有名的白酒产区之外，我觉得有些地方还是要提一提的。黑龙江、吉林、辽宁、新疆、西藏等地因地域因素不适合酿酒，但地处中原的河南、山东，沿长江的湖北、江西等地也很适合酿酒，只是产业相对分散，但也不乏好酒及好的企业。

鲁酒以产芝麻香型白酒全国闻名，景芝酒是主要品牌。除此之外，还有花冠、古贝春、泰山特曲等品牌，这些品牌在山东区域市场具有较强的影响力。

豫酒在历史上是不乏知名白酒的，比如宋河、宝丰酒、杜康等品牌在全国都是响当当的牌子。不过这几年这些品牌受市场竞争的影响发展一直很缓慢。

上述两个省由于没有当地主导品牌，所以一致缺乏市场竞争力。当前的酱酒热主要就出现在这两个省，与此相关。

湖北也有不少知名白酒品牌，比如黄鹤档、枝江、白云边、稻花香等。这些品牌当中有清香、有浓香，还有兼香。

这里有一个非常有意思的现象：凡香型集中地区，产区在全国更具有竞争力。比如茅台镇出酱香，宜宾、泸州、邛崃出浓香，古井镇出浓香，杏花村出清香等。

除此之外，云南、广西等地是全国米香型白酒产区，北京及周边是麸曲清香产区，重庆等地是小曲清香产区，这里不再一一赘述。

后　　记

白酒作为酒精饮料与人们的日常生活密不可分。通过多年的观察，我知道普通消费者对白酒最关心的问题仍是食品安全。不少人对“是否纯粮”“是否勾兑”“是否添加香精香料”等存在困扰。如果你能够认真阅读此书，这些疑问将迎刃而解。

2022 年 6 月 1 日实施的“白酒新国标”，明确提出了未来的白酒只有三种：固态法白酒、固液法白酒和液态法白酒，且都不能使用非自身发酵产生的呈色、呈香、呈味物质（即食品添加剂）。如果使用，可以，但必须标注为“调香白酒”，被归为配制酒一类。未来的白酒市场，白酒和调香白酒都是客观存在的。至于能否做到安全、健康饮酒，我们仍有很长的路要走。

我以己微薄之力，能为广大白酒爱好者在安全、健康饮酒方面做点贡献，实乃幸事。

在本书稿的整理过程中，得到了我的好友刘亳、王立新的大力支持，在此表示感谢！

作　者

2022 年 10 月 10 日